景观规划设计中的艺术手法

何 昕◎著

Artistic Techniques in Landscape
Planning and Design

北京理工大学出版社
BEIJING INSTITUTE OF TECHNOLOGY PRESS

内 容 提 要

本书主要研究了景观规划和景观设计的方法，阐述了景观设计创作过程中的艺术性问题，对整个设计过程进行了系统研究和分析，对目前存在的问题进行了全面探讨，对新时期环境要求下的景观设计手法进行了创新性研究。本书主要包括景观规划设计概述、景观规划设计类型、现代景观规划设计、景观规划设计中艺术手法的运用、景观规划设计的延伸研究五部分内容。

本书主要供环境艺术设计、景观设计等相关专业人员使用，对广大景观规划设计爱好者也有一定的参考价值。

版权专有 侵权必究

图书在版编目（CIP）数据

景观规划设计中的艺术手法/何昕著.—北京：北京理工大学出版社，2017.6

ISBN 978-7-5682-2311-9

Ⅰ.①景… Ⅱ.①何… Ⅲ.①景观规划－景观设计 Ⅳ.①TU986.2

中国版本图书馆CIP数据核字（2016）第091460号

出版发行 / 北京理工大学出版社有限责任公司
社　　址 / 北京市海淀区中关村南大街5号
邮　　编 / 100081
电　　话 / （010）68914775（总编室）
　　　　　（010）82562903（教材售后服务热线）
　　　　　（010）68948351（其他图书服务热线）
网　　址 / http://www.bitpress.com.cn
经　　销 / 全国各地新华书店
印　　刷 / 北京紫瑞利印刷有限公司
开　　本 / 710毫米×1000毫米　1/16
印　　张 / 11.5　　　　　　　　　　　　　　　责任编辑 / 封　雪
字　　数 / 134千字　　　　　　　　　　　　　文案编辑 / 封　雪
版　　次 / 2017年6月第1版　2017年6月第1次印刷　责任校对 / 周瑞红
定　　价 / 65.00元　　　　　　　　　　　　　责任印制 / 边心超

图书出现印装质量问题，请拨打售后服务热线，本社负责调换

前　言
PREFACE

　　时光荏苒，转眼间入行已十余年。常常暗自庆幸能够生活在这个时代，从事自己所酷爱的职业，被一个年轻而富有朝气的团队指引。

　　一直梦想着有一天能够停下来，好好总结过去，思考未来，但当这一天真的来临时，才觉得自己做得不多，积累太少，对于景观规划设计这个涵盖面极广的学科，了解的仅仅是皮毛，但这也让我对未来有了更多的期许。

　　城市化进程的不断加快，带来了不少环境污染与生态破坏，使我们常常担忧自己的生存环境，而景观规划设计，能够从较大程度上起到改善生态环境、净化空气质量、获得视觉享受的作用。不仅如此，它对一个城市的形象、文化乃至肌理展示都有重要意义，肩负着将城市的自然与人文延续下去的重任。如何定位景观规划设计的意义、作用及未来的发展方向，成为我们当今需要着重研究的课题。

　　20 世纪初期，西方兴起的设计思想革命带来了现代意义上设计思想和设计美学的尽情演绎，它产生的审美思想和艺术手法极大地推动了社会的发展进步。进入 21 世纪，我们开始重新审视对自然的认识、对生态的需求以及自身的行为，并提出了一系列问题：新时期以什么作为景观规划设计的革新点？学科未来的发展走向是什么么？景观规划设计极高的艺术性需求，我们如何应对乃至推动其发展？作为新时期的景观规划设计师，不得不认真思考并尝试解决这一系列问题。

感谢前辈们所做的努力，让我站在更高的起点认识这个行业！

感谢家人和同事对我极大的支持，让我有了编写本书的动力和勇气！

何　昕

注册城市规划师

成都市建筑设计研究院

目 录
CONTENTS

第一章　景观规划设计概述

第一节　认识景观规划设计

自然景观要素和人工景观要素构成了景观规划设计（景观设计）要素。其中自然景观要素包括各种自然风景，如连绵起伏的山脉、名贵木料、珍奇石料、江河湖海等。人工景观要素包括各种古代文物、历史遗址、人工绿化、商贸集市、建筑、广场等。

为了提高城市空间的质量，必须从这些要素中提取大量素材，结合风水要素与其他各种景观要素，并进行有效组织，使空间布局更为有序，如此才能让城市景观更为独特。

景观设计主要包括城市景观设计（城市广场、商业街、办公环境等）、居住区景观设计、城市公园规划与设计、滨水绿地规划设计、旅游度假区与风景区规划设计等。

景观风格异常多样，如"新中式"景观设计是在现代流行风格中融入中国风格，这种设计不仅能表现出现代潮流的趋势，还可以将传统文化发扬光大，弥补了中国传统文化过于沉稳而缺乏创新的缺陷。例如，把中国传统的园林设计方法，包括符号图案以及色彩的运用，通过植物体现意境，运用于现代景观设计中。

中国传统符号种类很多，有中国传统的吉祥物：青龙、白虎、朱雀、玄武、凤、貔貅、双鱼、蝙蝠、玉兔等；有五行的金、木、水、火、土；还有中国传统的宝相植物：牡丹、荷花、石榴、月季、松、竹、梅等。在"新中式"景观设计中，采用以上传统符号用抽象或简化的手法来体现中国传统文化内涵，运用形式多种多样，可镶刻于景墙、大门、廊架、景亭、地面铺装、座凳上，或以雕塑小品的形式出现，或与灯饰相结合。

不同的设计目的会对景观设计内容产生很大的影响，规模较大的设计，例如河流的治理以及城镇的规划，需要更多地考虑生态环境问题；而街区以及公园之类的中等规模环境设计则需要更多地考虑园林规划；而对于面积较小的绿地广场，首先需要注意的是建筑本身的规划设计。以上各类设计虽各有区别，但都是经常见到的。如果对景观要素进行分类，通常可以分为硬景观（hard scape）和软景观（soft scape）。硬景观通常包括人工设施，例如铺装、雕塑、凉棚、座椅、灯光、果皮箱等；软景观则是人工植被、河流等仿自然景观，如喷泉、水池、抗压草皮、修剪过的树木等。

景观设计是为了提供舒适环境，提高该区域的（商业、文化、生态）价值，所以理清思路并找到设计中的关键极为重要。举例来说，某服装街是一个逐渐没落的地段，改善该区域及周边的商业环境成为设计的重中之重，要根据商业街规模建造基本的商业设施，根据不同的店铺营造出特定的氛围。不论行人的疏通还是公共设施的规划都需要在设计中得到体现，要营造出欣欣向荣的商业氛围，必须把软景观与硬景观相结合，整体与细节要素保持一致。只有解决了这些问题，才能实现最终的目标。

硬景设计理论丰富，而软景设计相对薄弱，特别是植物景观设计。植物景观设计不但具有良好的实用性，同时具备极高的艺术性。

与其他设计行业相比，植物景观配置的发展较为落后：从艺术性上来看，它没有完整系统的理论支持；从技术性上来看，它没有明确的设计标准与评判标准。再加上植物景观配置特有的生态问题和时空变化等特性，无疑都将增加植物景观配置设计工作的难度，同时也会增强植物景观配置设计工作的随意性和不确定性。

但是，植物景观配置设计中的一些基本设计流程及设计程序，可以减弱植物景观配置设计工作的随意性和不确定性，增强设计结果的可判定性。同时还可以增强设计工作的系统性、有序性，提高工作效率，提高系统质量保障能力。

植物景观配置最终要解决下面几个问题：

（1）选什么样的植物？

（2）选多大植物？

（3）选多少植物？

（4）如何搭配并布置到地面上？

（5）要构成什么样的植物景观？

（1）～（4）涉及以植物个体为元素来选择与布局的问题，（5）则涉及以植物配置后的群体为元素来选择与布局的问题。

植物景观配置操作的基本流程是有序、规范地解决上述问题的过程。从结果来看，是按照上面（1）～（5）的顺序进行，但从过程来看，是倒着来的，先解决第（5）个问题，再解决（1）～（4）的问题。因此，在实际工作中，植物景观配置在设计阶段大致包括以下三个环节：

（1）植物景观类型的选择与布局。

（2）各植物景观类型中植物个体的选择与布局。

（3）系统地检查审评，即质量保证过程。

需要说明的是：这三个步骤的顺序并非一成不变，在设计过程中，三个环节会互有穿插，有时还互为前提。

通常来说，植物景观类型就是将植物群总体布局后有关整体的一种体现，例如密林、线状的行道林、孤立的大树、灌木丛林、绿篱、地被、草坪、花镜等。所谓植物景观类型的布局与设计，就是把上述植物景观类型（而不是植物个体）作为设计元素进行空间配置，设计师应该在整体上对什么地方该配置什么样的植物景观类型有一个明确的把握。

景观整体的布局结构决定了景观类型的选择，也就是所谓的结构性景观布局。设计地域的整体构造主要由结构性景观布局来确定，根据顾客的审美原则与景观需求来构造框架。这种布局从某种意义上来说可以等同于框架规划。

实用功能也在某种程度上决定了景观的类型与布局，即功能性景观布局。功能性，如某地需要较高的隐蔽性，某地要隔声降噪或阻隔光线等，是景观类型的选择与布局的基本考究。

根据整体规划来确定景观线、景观点，软化某视角，增加某地点的颜色浓度以形成层次变化等，也经常要考虑到过度景观。

植物景观类型作为一种设计元素，是基于颜色、大小、质地、形状、空间尺度等要素，而非某一类植物景观的个体特征，并遵循植物配置理论和设计原则与创作手法来设计创作。植物景观是由多种植物组成的，它们的特征虽然与个体特征密切相关，但不等于植物个体特征元素或植物个体元素特征的简单叠加。有时，个别植物的基本特征是完全不同的。应注意的是，植物景观类型的特征不仅关系到植物成分，还与内部植物个体的结构安排有关。此外，同一植物景观类型可以有完全不同的植物结构。

植物景观类型的选择与布局是总体景观方案设计的重要组成部分，更多地带有美学创作因素，相对来说，是一项习惯性、发挥性多于程序性的工作，该工作完成后一般会产生如下资料：

（1）植物景观类型规划布局图（包括一些节点立面图）。

（2）植物景观类型统计表。

（3）植物景观类型构成分析表。

植物配置就好比写作，植物景观类型的选择与布局类似于文章的构思及文章的提纲。写文章时，我们首先考虑的是写什么内容，什么风格，段落结构如何布局，如何拓展和表达中心主题，而不先考虑用什么词、短语或句子。同样，在植物景观设计中，首先考虑的是植物景观类型的选择和布局，而不是个体植物的选择和布局。

植物景观类型选择和总体布局完成后，必须进行各种类型的植物景观设计，即解决植物个体的选择和布局问题。植物个体的选择和布局应主要解决以下问题：

（1）植物品种的选择。

（2）植物大小的确定。

（3）植物数量的确定。

（4）植物个体在结构中的位置定位等。

个体植物的选择和布局也是一个技术问题，除了在结构定位的过程中需要更多地关注审美的设计知识外，还倾向于解决生态问题，因此，植物个体的选择通常是一种程式性工作。

1. 植物品种的选择

选择植物品种的一般程序如下：

（1）根据植物景观布局图、植物景观类型统计表及植物景观类型分析资料等，综合分析各类景观结构的类型和要求，开发植物类型和工作台。

（2）分析确定寒冷气候区的分布情况及主要环境因素。

（3）根据寒冷地区主要环境限制因素，以及植物类型和工作表的要求，配合植物数据库的数据搜索，确定粗选的植物品种。

（4）根据景观功能和美学的要求，选择植物品种。

（5）确定各植物类型的主要品种。主要品种用以维持统一性，是一种植物景观类型的主要框架。在一般情况下，主要品种数量要少（比如说20%），相似程度要高，但植株数量要多（比如说80%）。主要植物品种的抗寒性必须高于耐寒区，同时能够对场地主要限制因素有足够的耐性。

（6）确定各植物类型的次要品种。次要品种用以增加变化，品种数量要多（80%），但植株数量要少（20%）。若有特殊需求，次要品种的耐寒级别可以不高于场地的气候耐寒区级别。有条件或在成本不高的情况下，可以选择一些对场地主要限制因素耐性不足的植物。

主次要品种的比率按各景观类型分别计算分配。

（7）确定植物品种的数量。原则上提倡多植物群落，但并非植物品种越多越好，要杜绝拼凑。

对于一般的小区来说，15～20个乔木品种，15～20个灌木品种，15～20个宿根或禾草花卉品种已足以满足生态方面的要求。当然，国家有特别规定的，按相关规定处理。

2. **植物大小的确定**

在中国，对种植植物的初植规格大小没有具体的标准规定。设计者通常可以根据客户的要求或自己的习惯来选择。有经验的设计者可以巧妙地利用一些美学和生态的手法来综合确定。

　　国外常见的乔木层的尺寸通常为6～8 cm的完整植物直径。考虑到国内的习惯，建议乔木层尺寸以10～12 cm的完整植物直径为宜，一般不超过14～15 cm。为了满足既视效果的需要，可以使用一些技术，如增加大灌木（高度为100～250 cm）的数量，增加覆盖范围等。在树体比例尺度的处理方面，尽可能缩短最大规格和最小规格植物的差距。

　　3. 植物数量的确定

　　准确地说，植物数量的确定与栽植间距密切相关。一般情况下，植物的间距是由植物的大小决定的，在实际操作中，可以根据植物的生长速度进行调整，但不能随意改变种植密度。

　　4. 植物个体在景观结构中的位置定位

　　根据景观类型的组成和植物本身的特点，将它们布置到适当的位置，在这个过程中，它将关系到植物的美学设计。从个体到植物景观类型的建设，是一项非常复杂的工作，在这个阶段，如果可以借用一些景观类型的模块，将会大大提高工作效率。

　　通过模拟自然、调查分析以前的设计或设计建模等方法，可以得到模块。在进入仓库之前，必须通过美学或生态检查来证明这一模块。作为工业产品的模块，要通过系统来检验零件与半成品并保证其质量。

　　配置结果的审查，由于交织着生态、美学和经济等因素，植物景观配置复杂、烦琐，在设计过程中的疏漏和缺陷是不可避免的。因此，一个完整的设计作品完成或阶段性完成后，对其进行系统的审查是非常必要的。审查主要从两个方面进行：对美学原则的审查和对生态原则的审查。审查主要包括三部分内容：审查内容、评价方法和结果评价标准。例如，平衡的审查过程一般如下：

1. **审查内容**

审查设计是否符合平衡原则。

2. **评价方法**

（1）找出设计区域或分区的中心点。

（2）以中心点为交点绘出两条正交轴线。

（3）比较两条轴线两侧配置的植物景观类型、植物个体类型、规格大小、分布和数量等。

3. **结果评价标准**

两条轴线两侧的植物景观类型、植物个体类型、规格大小、分布和数量要基本一致。

需要说明的是，植物景观配置结果评价既可作为设计者自检之用，也可作为甲方和第三方对设计结果评审之用。不仅要在整个设计完全结束后进行植物景观配置结果评审，还要在植物景观类型选择与布局工作完成后进行阶段性评审。

第二节　景观规划设计的发展

由于人们对自身居住环境的关注，透过我国居住区景观规划设计发展能反映出我国景观规划设计的整体发展情况。城市住宅区一般指居住区，指的是不同居住人口规模的居住社区，泛指不同居住人口规模的居住生活聚居区，特指被城市干道或自然分界线所围合，并与居住人口规模（30 000～50 000人）相对应，配备相对完善，具有能够满足人们的物质和文化生活需要的公共服务设施的生活社区。

随着经济的发展，城市化水平不断提高，居住环境已成为世界各国共同关注的热点问题，据联合国统计，截至2014年，世界有54%的人口居住在城市，到2025年，世界城市人口比例将占60%，全球将进入城市化时代。随着城市人口的不断增加，人均绿地占有率不断下降，因此人们不再满足于基本生活环境，要求增加城市绿地面积，提高居住环境质量。

新中国成立以来，随着经济体制改革的深化和商品化程度的提高，我国的居住区景观规划设计经历了以下四个阶段的发展。

1. 20世纪50—70年代：启蒙阶段

新中国成立初期，住宅区的景观设计往往被简单地理解为居住区的景观设计，景观布局也以园林绿化为主体，在居住区规划设计中，景观设计往往成为与建筑相关的设计。在此期间，住宅小区规划采用欧美的"邻里"规划理论，居住区范围以小学生上学不穿越城市干道为界，在居住区内设有小学和日常商业点，住宅多为2～3层，类似庭院风格的建筑。20世纪50年代中期的住宅区，街道的规划，主要是在附近的住宅，利用封闭的周边布局，配置少量的公共建筑，儿童上学和居民购物一般需要穿过街道。在这一时期还没有意识到需要培养自己的居住区的环境景观设计师，只是简单地模仿原来的设计理念。在此期间，国家的整体经济实力制约了住宅景观设计的发展。

2. 20世纪80年代：转变阶段

20世纪80年代，随着改革开放力度的不断加大，社会经济结构逐步发生变化，居住区建设规模迅速扩大，受计划经济影响，当时的建设模式实行统一规划，统一设计，统一施工，统一管理。住房租金低，福利即"单位大院"，也就是人们熟悉的"××家属院"。居民属于同一社会群体，具有相同的社会属性和生活价值观，从而形成互动良好的居住文化，是在计划经济时代一种独特的文化形式，而这种浑然天成的住区文化却是现今居住区景观竭力追求的。在富裕地区，人们对生活质量有较高的追求，对居住区规划更为细腻，开始涉及景观设计，注重营造一种生活休闲的园林空间。居住区规划结构呈现为四级特征：居住区—居住小区—组团—庭院。

3. 20世纪90年代：发展阶段

这一时期的住宅布局突破传统的行列式结合，注重社区整体空间结构、公共空间和私人空间，结合丰富的庭院空间形式，追求布局和发展的自由；重视居住区环境气氛的渲染，注重室内和室外景观的相互渗透；建筑风格突破过去的火柴盒风格和欧洲风，精雕细琢，风格多样，如欧洲风格、澳洲风格、岭南风格、新加坡风格、现代风格，所有的房地产品牌追求创新、时尚。这一阶段景观规划和设计有重大突破。首先，不再局限于传统的树木、草、建筑、道路等，而是将这些都纳入景观设计体系中，开始注重主题景观的策划；其次，绿化系统完善，以人与自然的和谐和团结的绿色住宅区为目标，重视绿化率；再次，引入先进的规划设计理念，完善住宅区景观功能，满足用户的生活需求，如人车分流的交通规划体系、小区会所、底层架空、屋顶花园等；最后，大型现代化住宅小区，大型设施配套齐全，拥有完整的居住空间已成为主流设计。然而部分景观规划设计在投资中的比重越来越大，过分地精雕细琢，甚至出现过分奢华的星级酒店模式，如一个大型的中央绿地，排列紧密的树篱，庄严豪华的布置等，只能观看，而忽略了实用功能。

4. 21世纪：成熟期

进入21世纪，生态环境恶化，能源、气候和健康问题日益严峻，人们对环境的认识增强，对居住环境有了更高的要求，更加注重生态景观规划设计与舒适性。同时，21世纪是面临着城市特色消失的区域文明时代，人们不仅需要健康的物质环境，还需要有归属感。对人居环境的期望能反映当地文化和传统文化，要把居住区景观环境传统发展理念转变为绿色、生态、节能、智能化等一系列可持续发展的理念。

从景观规划和设计演变的四个阶段可以看出，目前中国的景观设计在住宅区方面已接近成熟，从现实生活中可以看出，居住区景观规划和设计正向着生态趋势、区域趋势、人性化趋势三个方向发展。随着社会经济水平的提高，我国的景观规划设计从简单的绿化设计到生态居住区的生态环境，经历了开始、发展到成熟的过渡。

（1）住宅景观设计的发展现状。在我国居住区环境景观设计的四个阶段中，它是成熟期的第四个阶段。在这一时期，居住区环境景观设计不仅为居民的观赏提供方便，也必须符合居民的休闲活动要求，也就是说，居民可以漫游其中，可以使用这些景观设施，如居住区集中空间使分散结构的层次形成或大或小，或公共或私密的空间，以满足不同活动的使用要求，开阔的场地可以供居民集体晨练或举办群众文娱活动，而相对隐蔽的小空间则可以给居民提供阅读、交谈的场所。住宅景观元素的构成分为两种类型：一种是物质的构成，另一种是精神文化的构成。这两个主要构成部分是不可分割的，古老的中国"小桥流水人家"的物质和文化的理想环境，为人们提供最理想的生活环境。在住宅景观设计中，种植设计也是一种文化特性，不同的植物给人的精神感觉是不同的，因此，要选择合适的植物种类，符合植物生态学的要求，按照绿化功能和艺术要求来选择植物种类，以满足植物生态系统的要求，使植物生态习性和生态条件的种植位置兼容。

园林景观的使用几乎渗透到人居环境的每一个角落，在景观设计中如何对这些设计要素做出全面的选择，合理的配置是至关重要的。小区景观一般由道路、绿化、设施、小品和驳岸路面构成，这在居住区景观设计原则上，已经开始体现出地方特色和自然生态以人为本、和谐、可持续发展的文化元素。

（2）居住区景观设计发展趋势。随着我国城市化进程的加快，城市居民生活质量、品位及生态环保意识的逐步提高，城市居住区景观设计开始朝着强调环境景观的文化性、艺术性、共享性和均好性以及"赏心悦目+实用价值""鲜活风情+建筑特色""植物布局+水景点缀""一步一景+季节变换"等方向发展。

① 强调环境景观的文化性。中国风景园林有3 000多年的优秀传统，是中华民族文化中不可缺少的一部分，是中国伟大文明的象征。尊重历史、尊重文化是住宅景观设计的一大特点，开发商和设计师不再机械地割裂住宅景观的建筑与环境，开始在文化背景下对居住区进行规划，通过艺术的建筑和环境来展现历史文化的延续性。在每一个居住区，都藏有当地文化，例如对于多民族的贵州文化来说，它是"一步一文化"。在景观设计中，挖掘和表达乡土文化信息，不仅给环境带来了文化气息，还让居住区和文化进一步融合。居住区绿化的目的是满足居民生活需求、为生活在喧闹都市的人们营造接近自然、生态良好的温馨家园，以经济适用为原则，因地制宜，巧于因借，充分利用原有地形地貌，用最少的投入、最简单的维护，达到设计与当地风土人情及文化氛围相融合的境界。

② 强调环境景观的艺术性。20世纪90年代，欧洲风格的住宅小区在欧洲园林中很流行，如大面积的观赏草坪、模纹花坛、道路网络，对称型的罗马柱廊、欧式线脚、喷泉、欧式雕塑。90年

代以后，住宅景观开始注重人的审美需求，呈现出多元化的发展趋势，以促进简单明快的景观设计风格的形成。同时，环境景观更注重居民的舒适性，不仅供人们使用，还供人们享受。如今，随着人们审美需求的不断提升，居住区园林设计开始倡导现代园林与古典园林的结合，创造出既有历史感又简洁明快的景观。

③ 强调环境景观的共享性和均好性。在景观设计上应追求最佳的生态和美化，如乔木、灌木、草等植物的合理配置比例。应加强围墙功能，创造形态、环境元素丰富，安全、安静的庭院空间，实现良好的家庭现场效果，从而营造温馨、简单、安宁的家居环境。

④ 强调环境景观的"赏心悦目+实用价值"。居住区园林景观在具体设计时，应按照植物群落来布局，而不是盲目堆砌。应景也是树种选择的重要条件，周围的建筑体对树木的栽种有很大的决定作用，如古典风格的楼盘适合种植芭蕉树，现代建筑体则适合种植几何形状的乔木等。

⑤ 强调环境景观的"鲜活风情+建筑特色"。现今，随着居住者的眼光与审美能力的逐步提高，其对居住区环境景观设计开始追求品牌价值和品质感，且开发商已意识到园林景观比户型设计带给业主的感觉更直接。

⑥ 强调环境景观的"植物布局+水景点缀"。小区绿地最贴近居民生活，规划设计不仅要考虑植物配置和建筑构图的平衡，以及对建筑的遮挡与衬托，还要考虑通风、光照等条件，花木搭配应简洁明快，树种选择应三季有花、四季常青，区分不同的地理设计，因地制宜。目前，居住区的景观设计已从大型水景变为点缀式水景的广泛运用。植物景观更有活力，使景观更美观。住宅绿地设计应将绿色、科学和艺术高度统一。绿化居住区要适应树种，以选择耐贫瘠、抗旱性强、管理粗放的乡土树种为主。为

保证植物的成活率和环境成景，应考虑到树木的适当混合，如灌木、藤本、草本植物、花卉和果树、混合草本植物、观赏植物的混合，以及平面绿化和立体绿化手段的使用。

⑦ 强调环境景观的"一步一景+季节变换"。目前，景观规划已从简单的植物铺陈发展到现在的应景设计上。景观特色主要体现在植物上，在有限的空间里，创造无限的风景，不断变化的景观，季季不同的园林，让社区保持新鲜和活力。应景能给生活带来更多的审美情趣，在小区里闲庭信步，不会感到无聊，每去一个地方，都可以通过不同的角度来观察，这就是一步一景。园林地形是人化风景的艺术概括，营造缓坡是目前住宅区景观设计使用最多的应用，像起伏的丘陵，让人感觉面积增加，绿化面积也比较大，花园富有层次。以四个季节的植物代替过去的常青植物，可以让四季的景观在园林中更好地展现，让不同的阶段都有美的表达，让居民感受到季节的变化。

（3）使用现代新材料。随着科技的发展、材料的更新及技术水平和施工技术的提高，在现代景观设计理论和实践中，新生代景观设计师对传统的景观提出了挑战，提出以塑料、金属、玻璃、合成纤维为材料的概念，在材料的使用上，增加了许多选择，并站在了景观设计的最前沿。新材料在现代景观设计中的应用呈现出情感趋势、生态趋势和局部趋势。国内景观设计也开始具有高技术应用的意识和表现。在城市园林发展的过程中，景观材料的运用也在不断地发展。在今天，新材料基本上代替了传统材料，不仅外观新颖，操作也方便。首先，现代新型建筑材料符合现代建筑的要求；其次，节能环保符合生态趋势，有利于社会的发展。

材料使用有以下几种趋势：非标制成品材料的使用；复合材

料的使用；特殊材料的使用，如玻璃、荧光漆、PVC材料；注重发挥材料的特性和本色；重视色彩的表现。另外，特定地段的需要和居住者的需求也是应该考虑的因素。环境景观的设计还必须注意运行维护的方便。

居住区是包含人们生活所需最基础设施的歇息地，所以居住区景观设计应坚持以人为本、和谐共存的设计理念。在住宅小区环境景观设计开发研究与分析中，我们应以开发和创新为研究目标，站在科学、建筑与现代居住景观的高度思考问题，以达到改善城市生态质量和人居环境，实现城市可持续发展，人与自然和谐相处的目的。对于居住区的景观设计，空间环境形象设计的核心是引导"家"，营造一种温馨祥和的空间感，应该有适当的规模，这有利于规划、设计、建设设施和环境，增强人们的归属感，营造人与自然和谐的环境。住宅建筑形象一般应注重新鲜和简单，创造一个标志性的居住空间环境，形成丰富的生活情趣和独特的空间环境形象。

第三节　景观规划设计实践理论和学科特征

本书以当下热点的观光休闲农业园区为例来介绍景观规划设计实践理论和学科特征。

一、观光休闲农业园区的理论与实践

随着我国城乡经济的发展和人民生活水平的不断提高，休闲农业已取得了很大的进步，并形成了多种组织形式。在我国的旅游和休闲农业取得可喜成绩的同时，园区规划和建设却普遍存在问题，具体表现为：一方面，观光休闲农业园区的景观规划缺乏技术规范和理论指导；另一方面，观光休闲农业园区景观规划设计缺乏系统设施，"晴天一身土，雨天一脚泥"的环境往往让游客们乘兴而来，败兴而归。目前，观光休闲农业园区景观规划设计逐步形成了理论—研究—实践的发展模式，以使观光休闲农业园区规划建设健康、持续、稳定地发展。

近年来随着城市生活水平和城市化水平的提高，人们的环境意识增强，逐步建成了集科技示范、观光、采摘、休闲于一体，经济效益、生态效益和社会效益相结合的综合观光休闲农业园区。休闲农业园区是一套集旅游、休闲、娱乐、教育于一体的高层次发展园区，从最初的农业发展到统一规划，观光休闲农业园区将生态、休闲、科普有机地结合在一起，同时，科学技术的普及改变了传统农业仅专注于土地本身，大耕作农业的单一经营思想，客观上促进了旅游业和服务产业的发展，促进了城乡经济的快速有效发展。

园林城市中的农业景观在园林中的应用由来已久，在欧洲关于伊甸园神话的描述中，记录了人们对梦想和神秘的向往，而这个极乐世界是与外界分离的安全性很好的空间，在这里生长着异国情调的花朵和果实。在古埃及和中世纪的欧洲古典园林中，不仅有各种各样的花卉和蔬菜，树枝上还挂满了果实，以供贵族们观赏、食用。在此期间，葡萄园、橘园、蔬菜园、稻田、药圃等规则或不规则的园中园数不胜数。在16世纪以后的二三百年里"农业景观是漂亮的"这一思想逐渐盛行。在最近的100年里，随着教育和休闲活动的普及，对农业生产的欣赏逐渐被各行各业接受。这一理念，既能兼具观赏性和生产性，又能激发许多西方园林设计的灵感。如今天的英国东林生态园与各种果树的园林植物材料，大大丰富了公园的景观，并提供旅游观光和水果采摘等城市公园不能进行的活动，取得了良好的效益。

19世纪30年代，欧洲已开始农业旅游，然而，那时观光农业并未被正式提出，仅是从属于旅游业的一个观光项目。20世纪中后期，观光农业园区和农业观光旅游已逐渐成为休闲生活的趋势之一。20世纪80年代以来，随着人们旅游需求的增加，通过简单的自然观光旅游和其他扩展功能，观光农业园又出现了先进的观光农业园区形式，即农民公园，以一个家庭或一个小群体为单位，让他们享受假日。如德国在城市郊区的"市民农园"，规模不大（一般为2公顷，分成40～50个单元），出租给城市居民，具有多种功能，包括从事家庭农艺，种植蔬菜、花卉、果树，以生产为乐趣，回归自然，供市民休闲体验。在芬兰举行了一个以农场旅游为主题的会议，各个参会国讨论和交换了许多观光农业的发展经验，每个国家在这个基础上也有了不同程度的发展。

在我国园林发展的初始阶段—周朝的苑、囿中，便栽有大量的桃、梅、木瓜等农作物。《诗经·周南》中就有颂桃的诗句"桃之夭夭，其叶蓁蓁。之子于归，宜其家人"，生动地描述了桃花盛开，枝叶茂盛，硕果累累的美景。《周礼·地官司徒》记载："场人，掌国之场圃，而树之果蓏、珍异之物，以时敛而藏之。"郑玄注："果，枣李之属。蓏，瓜瓠之属。珍异，蒲桃、枇杷之属。"这句话译成现代文就是："场人，掌管廓门内的场圃，种植瓜果、葡萄、枇杷等物，按时收敛贮藏。"今天，水果和蔬菜也在城市景观中使用，如深圳国际园林花卉博览园的"瓜果园"，主要采用奇异瓜果、蔬菜品种，创造了丰富的园林色彩，具有很高的观赏价值和很重要的科学教育意义。入口有标志性景石，简单、自然、环保，蜿蜒的溪流穿过整个果园，分外亲切、宁静，曲线优美、图案丰富的大理石园道指引着游客的观赏线路。为了增加乐趣，公园精心设计了许多景观小品，如框景瓜果竹架、竹亭、花架廊、园林木桥、竹门、园林竹架、木架亭等。植物配置以观赏奇花异果的岭南园林植物配置方法为主体，将植物丰富的色彩、柔和多变的线条、风度和魅力有机结合起来。

我国的观光农业是在20世纪80年代后期兴起的，首先在深圳开办了一家荔枝观光园，随后又开办了一家采摘园。目前一些大中城市也相继开展了观光休闲活动，并取得了一定效益，展示了观光农业的强大生命力，如北京的锦绣大地、上海孙桥现代农业开发区、无锡马山观光农业园、扬州高冥寺观光农业园、山东的枣庄万亩石榴园、平度大泽山葡萄基地、栖霞苹果基地、莱阳梨基地等都取得了很好的经济效益，为城市旅游业增添了一道亮丽的风景。其中，台湾和北京的观光农业发展最好。

景观生态学是研究在一个相当大的区域内，由许多不同生态系统所组成的整体（即景观）的空间结构、相互作用、协调功能及动态变化的一门生态学新分支。如今，景观生态学的研究焦点放在了较大的空间和时间尺度上的生态系统的空间格局和生态过程。景观生态学的生命力也在于它直接涉足城市景观、农业景观等人类景观课题。观光休闲农业园区作为农业景观发展的高级形态，随着人类活动的频繁，其自然植被板块正逐渐减少，人地矛盾也更加突出。观光休闲农业园区景观规划设计需按照景观生态学的原理，从功能、结构、景观三个方面确定园区规划发展目标，保护集中的农田板块，因地制宜地增加绿色廊道的数量，提高绿色廊道的质量，补偿景观的生态恢复功能。

在西方文史中，景观一词最早可追溯到成书于公元前的《旧约圣经》，西伯文为"noff"，从词源上与"yare"即美

（beautiful）有关，它是用来描写所罗门皇城耶路撒冷壮丽景色的（Naveh，1984）。因此这一最早的景观含义实际上是城市景象，人们最早注意到的景观是城市本身。但随着景观含义的不断延伸和发展，"景观的视野随后从城市扩展到乡村，使乡村也成为景观"（Cosgrove，1998，p70）。人类向往自然，农业拥有最多的自然资源，所以农业是提供体验最适当的来源。观光休闲农业园区其本质上是人们对生活的一种美的享受和体验，是实施自然教育最理想的场地。在园区内的观花观果，感叹大地对万物的抚育，向往生态的、和谐的大自然环境，从而融入人们的多层次的美学体验。

在景观中，有一些关键的局部、点及位置关系，构成了一种潜在的空间格局。这种模式被称为景观生态安全格局，在维护和控制生态过程中起着关键的作用。农业景观安全格局，由耕地保护区、保护区和保护区之间的关系组成，对应于人口和社会保障水平，在适当的安全水平可以维持农业生产过程。在景观中，模式决定了功能，实现了土地可持续利用的稳定性，维护和优化了相应的景观空间格局。景观稳定性越强，就越能抵抗外界干扰，干扰后恢复能力就越强，越有利于保持景观格局，保证景观功能的稳定性。景观空间异质性对景观格局保持稳定的功能，体现了对土地保护和安全目标的可持续利用，在一定程度上能反映景观多样性、景观破碎度、景观聚集度和景观分维数等指标。

观光休闲农业园区景观规划与建设方式代替传统的农业生产和建设，以城市—农田作为一个城市整体为出发点，强调与城市生活的对话，形成"可览、可游、可居"的环境景观，构成了"城市—乡村—田野"的休闲空间系统。园林绿化规划设计充分，以绿化树木和农作物为材料做园林绿化建设，园林小品的风格简单清新；景观功能部分突出了以人为本的原则，又一次与生产相结合。不同地块和不同景观类型的观赏价值，使人们在休闲体验中享受农耕文化和当地民俗的魅力。

二、观光休闲农业园区景观规划设计原则

1. 生态的原则

旅游势必会带来大量的污染，园区自身的生产生活需要注意生态方面的要求，重视环境的治理，更不要对自身和周边环境产生不良的影响。景观规划的生态原则是创造园区恬静、适宜、自然的生产生活环境的基本原则，是提高园区景观环境质量的基本依据。

2. 经济性原则

进行旅游和园林绿化改造，无非是为了带来更好的经济效益，规划和设计应纳入经济生产园区建设。特别是各种采摘园，采摘的经济效益是非常高的，规划和设计后通常能够更好地进行采摘，增强非采摘季节对游客的吸引力，以更好地提高经济效益。

3. 参与性原则

亲身参与体验、自娱自乐已成为当前的旅游时尚。观光休闲农业园区的空间广阔，内容丰富，极富有参与性。城市游客只有广泛参与到园区生产、生活的方方面面，才能从更多层面体验到农产品采摘及农村生活的情趣，才能体会到原汁原味的乡村文化氛围。

4. 突出特色的原则

特色在于旅游业的发展，其竞争力和发展潜力越大，规划与设计园区和实际结合的特色就越鲜明。选择准确的突破口，可使园区更具特色，使景观更直接地为旅游园区服务。

5. 文化的原则

通常人们谈论农业，首先想到的是它的生产功能，很少想到

文化内涵，以及由此产生的一些诗歌和歌曲。所有这些让人容易忽视农业也是一种文化，所以在公园的景观设计中应该挖掘其内在的文化资源，并对其进行开发利用，提高公园的文化品位，实现景观资源的可持续发展。

6. 多样性原则

无论是何种旅游项目，都应该为游客提供多种自由选择的机会。公园景观多样性原则是旅游产品开发，旅游线路、游览方式、时间的选择和确定消费水平的需要，我们必须有多种方案可供选择，景观资源的配置要突出丰富多样的特点。

三、观光休闲农业园区景观规划设计思路与方法

同济大学教授吴人韦总结了以工业为中心的经济规划、以土地为核心的土地利用规划和以提高农产品竞争力为核心的规划三种农业园区的规划思路，并对这三种规划思路和方法进行了比较分析。下面结合观光休闲农业园区的特点和游客休闲度假的需求，提出了景观旅游规划的新思路。

1. 景观规划的核心

此种规划思路体现出了以提供农产品为第一项业务，兼顾保护与维持生态环境平衡，以及作为一种重要的旅游观光资源的三层次功能。以观光休闲为核心，进行规划布局、功能分区，提升园区的景观环境质量。

2. 景观规划的程序和内容

（1）基础资料收集和分析。基础资料主要包括园区所在区域的农业发展状况、园区所在地的自然条件（包括气候、日照、水文、降雨量、土壤条件、地形地貌、环境污染程度、不同地块的肥沃程度）、交通条件、社会人口现状、经济现状、已有的相关

规划成果和现场踏勘工作所获得的现状资料。

（2）目标定位。确定规划目标，以目标为导向进行规划，确定园区的性质与规模、主要功能与发展方向，在景观规划过程中对目标做出讨论并进一步提炼。

（3）园区发展战略。在调查、分析、综合的基础上，对园区自身的特点做出正确的评估后，提出园区发展战略；确定实现园区发展目标的途径；挖掘出扩大农业观光休闲市场的潜力。

（4）园区产业布局。确定农业生产在园区的基本位置，在作物育种、生物技术、蔬菜、花卉、畜禽养殖、农副产品加工等产业的基础上，加强旅游、休闲度假等第三产业的景观规划。园区产业布局必须符合农业生产和旅游服务的要求。

（5）园区功能布局。园区功能布局要与产业布局结合，充分考虑游客观光休闲的要求。在此基础上，确定功能区，划定接待服务区、农产品示范区、观光采摘区、生产区范围；完成园区功能布局图。

（6）园区土地利用规划。合理确定园林绿地、建筑、道路、广场、农业生产用地等各项用地的布局，确定各项用地的大小与范围，并绘制用地平衡表，对不同土地类型的各个地块做出适宜性评价，实现农业土地的最合理化利用，取得最大的经济效益。

（7）景观系统规划设计。景观系统规划设计强调对园区土地利用的叠加和综合，通过对物质环境的布局，设想出园区景观空间结构的变化和重要节点的景观意象，包括基础服务设施规划、游憩空间规划、植物景观配置规划、道路系统规划、水电设施规划。

（8）解说系统规划设计。解说系统规划设计内容包括软件部分（导游员、解说员、咨询服务等具有能动性的解说）和硬件部分（导游图、导游画册、牌示、录像带、幻灯片、语音解说、资料展示栏等多种表现形式），其中牌示是最主要的表达方式。完善解说系统规划设计，向旅游者进行科普教育，增加游客对悠久的农耕文化和丰富的自然资源的知识如生态系统、农作物品种、文化景观以及与其相关的人类活动的了解。

（9）景观规划与设计的实施。景观规划与设计的实施是景观系统规划设计的进一步细化，是对总体方案做的进一步修改和补充，并对重要景观节点进行详细设计。完成园路、广场、水池、树林、灌木丛、花卉、山石、园林小品等景观要素的平面布局图。在完成重要景观节点详细设计的基础上，着手进行施工设计。

（10）评价。评价指结合园区原有现状，对景观规划设计的过程和实施做出评价。主要包括：规划设计方案的适用性评价、客源市场分析与预测、投资与风险评价、环境影响分析与评价、经济效益分析与评价、社会效益分析与评价。

（11）管理。管理是指建立职能完善、灵活高效的管理机制，以保证各项工作的顺利进行。建立符合现代企业制度要求的开发运营体制，可采取"公司—农户—经济合作组织"的经营管理模式。

（12）规划成果。规划成果在形式上包括：可行性研究报告、文本（含汇报演示文本）和图集、基础资料汇编；从内容上讲涵盖：园区社会及自然条件现状分析，园区发展战略与目标定位，项目建设指导思想及原则，园区空间布局，园区土地利用，园区功能分区及景观意象，园区环境保障机制，园区游憩系统布置，景观规划与设计的实施方案，经济效益、社会效益、生态效益评价，组织与经营管理。

四、北京市观光休闲农业园区景观规划建设与发展

1. 北京市观光休闲农业园区规划的目标及意义

（1）北京市观光休闲农业园区规划的目标。近年来，北京加强生态示范、科学教育、花卉和水果产品、采摘休闲、生产收入在各种休闲和观光农业园区的建设，成效显著。为都市农业和城市旅游业发展提供参考依据。以北京观光采摘园为例，制定了北京市果树产业发展战略规划目标，提出了"八带百群千园"北京观光采摘的总体发展框架。其中"八带"是建立"八大树种优势产业带"，即苹果、梨、桃、葡萄、柿子、板栗、核桃、仁用杏；"百群"则是重点发展100个具有北京本土特色的果品群，建成100个高质量的名特优品种群；"千园"是建设1 000个特色鲜明，品质优良，具有观赏、休闲、科技园、园林式功能的建筑。

（2）北京市观光休闲农业园区规划的意义。据市场调查显示，95%的北京居民要到近郊旅游、观光、度假，近1/3的人愿意以乡村旅游的方式度过双休日，有25%的人愿意留在外面住宿。巨大的市场需求为开发民俗旅游和农业旅游创造了发展空间。建设观光休闲农业园区，实现了北京市农业生产和开发从单一经营向多元化发展，从单纯的农业生产到北京地区的发展和地块的开发，也为北京市旅游资源的开发和建设开辟了新的领域。新型旅游资源的开发与建设，加快了旅游资源结构的调整，提高了自然生态与景观环境的质量。

2. 北京市观光休闲农业园区类型

在以上理论研究的基础上，有针对性地对北京市观光休闲农业园区进行分类，可分为大规模景区型、休闲度假型、科研科普

型、名特果品采摘园、田园风光型、景区依托型和农事体验型七大类型。

（1）大规模景区型。大规模景区型园区一般规模面积较大，园区成片分布，赏花赏果的吸引力都比较大，容易形成大尺度的园林景观。大规模景区型可成片开发，形成区域发展的特色和优势。规划要求功能多样、旅游项目多样、景观优美、设施齐全、管理规范，如平谷的桃、大兴的梨、顺义的葡萄、房山的磨盘柿等。项目：平谷区10万亩桃花园景区、大兴区万亩梨园。

（2）休闲度假型。休闲度假型园区具有良好的自然环境景观，例如山水相依，气候宜人，田园风光秀丽，并且距离北京市中心城区或者各个区县城区中心有一定的距离。项目：朝阳区蟹岛绿色生态度假村。

（3）科研科普型。科研科普型园区一般具有良好的科研基础优势和科技示范推广价值，种植资源丰富，科研力量比较雄厚，设备先进。其建设功能定位可发挥"一个带动、三种基地、一个中心"的作用：

① 成为带动郊区农业产业结构调整，开展产业化经营的示范园区。

② 成为果品高新技术、新优品种研发、示范、推广的基地。

③ 成为提高果农经营管理水平的技术培训基地。

④ 成为观光、休闲和科普教育的基地。

⑤ 成为果品贮藏、销售、信息服务的中心。

（4）名特果品采摘园。名特果品采摘园主栽树种以传统北京名果、特优新品种为主，开展传统名果的观光采摘旅游活动。项目：门头沟区京白梨基地、密云县万亩鸭梨基地。

（5）田园风光型。田园风光型园区地处城市郊区，土地利用属性复杂，变化快速，是城市扩展的主要空间，在城市的地域扩展中呈现出交错的城市景观和乡村景观，独特的田园文化特征和田园生活方式以生产景观为主。可以根据田园风光的类型发展，即以果园特色、水果品质吸引游客，以现代园林设施、休闲设施来满足游客的需求。

（6）景区依托型。景区依托型园区一般邻近其他风景名胜区，在北京市，依托旅游景点进行旅游活动，它本身是没有吸引力的，也不需要有太多的旅游服务设施和景观改造。这类公园和其他景点之间的旅游景点产生互补，彼此提供游客，合作发展。

（7）农事体验型。农事体验型园区利用田舍、果品以及依傍的田园风光，吸引众多城市游客，"吃农家饭、品农家菜、住农家屋、娱农家乐、购农家品"，丰富市民们的民俗体验需求。项目：台湖第五生产队园区。

3. 北京市观光休闲农业园区的景观特性

北京市观光休闲农业园区规划与建设中的自然阶段，以传统文化为内涵，以休闲、求知、观光、采摘为载体，因地制宜，适地适树，依托乡土树种和当地材料创造出简洁、质朴、美观的园林景观。游客在促进身心健康和获得知识的同时，也能增强热爱自然、保护环境的意识，共同创造一个自然、独特、富有文化、参与性和可持续性强的现代观光休闲农业园区。

五、观光休闲农业园区规划建设启示

1. 从城市化进程的角度

城市规模在快速发展的过程中迅速蔓延和扩张，这也给城市边缘区的农田景观演变带来了一种不确定的空间限制，它们必须满足未来城市重新分配土地资源的需求。这就要求农业用地一方面在经济上要有利可图，转向专业化，使城市居民的公共开放休闲空间获得增值；另一方面，自然环境也需要保留"原始野性"的价值，它们因为没有任何的城市标签而受到推崇。农田应与城市绿地系统相结合，成为城市景观的绿色基础。因此，笔者认为，城市化不是一个简单的城市景观扩散到农村的过程，城市扩展、缓解城市功能和提高公共生活的水平和质量应该在保持农田景观应有的规模和乡村风光特色的前提下进行。

2. 从旅游业发展的角度

目前我国已成为国际旅游的主要目的地之一，国内旅游已进入快速发展阶段，旅游产品正从观光型向观光、度假和专项旅游相结合的趋势发展。而观光旅游正与度假旅游和专项旅游一起，成为21世纪我国旅游的三大亮点（周建明，2004）。也就是说，新世纪，传统的静态模式将受到影响，现代化的休闲模式将获得现代人的高度认同和青睐，旅游活动的多样化、专业化和参与方式将逐步发展。强调整合观光休闲农业园区规划与建设自然景观与人文景观相结合，体现人文与自然的和谐与统一，充分尊重和利用自然环境的土地，加强整个环境的融合与渗透，强调城市与"对话"，有效地重新创造空间环境价值与人文价值。原有农田景观与农业观光园区建设有机结合，不仅可以提高经济效益，还能促进城市绿色产业结构调整，为人们提供良好的健身休闲场所，增加农民收入。经济效益、生态效益和社会效益兼顾是新的绿色产业发展模式之一。

第四节　景观规划设计的原则

一、自然优化—生态保护原则

自然景观是指受人类的间接影响，而原有的自然景观并没有改变（如沙漠、雨林、河流、山川……）。

自然景观资源包括原始自然保护区、历史文化遗存、山区、山坡、森林、湖泊和大型植物板块及绝对保护自然保护区和珍贵的历史文物。在保护的前提下，合理开发利用资源。只有这样才能保证景观设计的可持续发展，并不断地被利用。

二、统筹规划、分阶段实施原则

景观是由一系列生态系统组成的有机整体，其景观序列是连续的、完整的。景观规划应保证其完整性，作为一个整体来考虑，同时，根据财务状况和保护景观的需求，分期实施。

三、景观异质性原则

异质性是系统或系统属性的变异程度，空间异质性的研究已成为景观生态学研究的一个显著特征。它包括空间结构、空间格局和空间相关性。异质性与抗干扰能力、恢复能力、系统稳定性和生物多样性密切相关，景观异质性程度高，有利于物种的生存，但不利于稀有物种的生存。景观异质性也可以被理解为景观元素分布的不确定性。

四、景观尺度性原则

尺度是对象或过程的空间维度，对应关系、空间和时间尺度的协调与规律是一个重要的特征。生态平衡与规模密切相关，景观规模越大，在湍流中的协调性越稳定。具体到景点，规模日益明显，协调的比例平衡，往往使景观、建筑和周围环境相得益彰，《园冶》所说的"精在体宜"正反映了这一点。

五、景观的个性原则

景观有不同特征，在地域上，有的以山岳为主，有的以海洋为主，森林植被南北悬殊。规划应以自然规律为基础，营造特色鲜明的地方特色、个性鲜明的景观类型。环境景观特征主要反映当地的生活，在一定区域内分布的特征并不能出现在其他领域，具有不可替代的形象与形式。

景观的特点主要受地域分布规律的影响，容易形成封闭的环境，在封闭的环境中保持特色传统。区域差异化是地球表面最基本的特征。地球表面是不均匀的表面层，形成原因：太阳光（能量）在地球表面分布不均匀，气压、风向、温度、湿度等都是不同的。

六、生态、社会和经济的三大利益原则

景观发展不是孤立的，它不仅强调人与自然的和谐相处，还要考虑到景观与周围的社会环境和当地经济之间的密切关系，必须科学地处理好三大效益的比例关系。

第二章 景观规划设计类型

第一节 乡村景观规划设计

一、乡村景观的意义

乡村景观是不同于城市景观与自然景观的独特景观，是世界上最早的，也是分布最广的景观类型，是整个村庄范围内的镶嵌体。在形成过程中不仅受自然条件的制约，在很大程度上还受到人类活动的影响。根据地理学和景观生态学的定义，乡村景观是在农村、农田、果园、林地、水利等不同地块组成的嵌块体，主要反映了农业的特点。以自然景观为基础，通过人工获得复杂构造，所以嵌块体的形状、大小、结构和性质存在很大的差异，但具有共同的经济、社会、生态和美学价值。乡村景观是由农家、农田、果园、自然景观组成的，但也与乡村文化景观有着密切的联系。乡村文化景观是以农业活动为特征的，它是人与自然相结合的景观，在不同的乡村有着不同的特点。

二、乡村景观规划设计原则

乡村景观规划设计的目的是营造一个健康、舒适的乡村人居环境，遵循时代发展趋势，实现农村建设的可持续发展。不仅是对农村土地的合理布局、规划、设计和使用，还运用了景观学、地理学、经济学、社会学、建筑学等多个学科的知识，为乡村景观设计提供了强有力的知识基础支持。乡村景观规划设计应强调乡村景观是一个复杂的生活系统，为人们的生活、享受、创造效益规划和设计理念。规划设计过程中应体现可持续发展的原则。乡村景观规划设计应坚持以共生理论为基础，在此基础上人类经济活动必须以景观生态学的特性为前提，设计目标和任务，寻求景观的协调、稳定与发展。在乡村景观规划设计中，要充分考虑生态、文化和经济的多样性，以国家整体系统为对象，建立系统的整体性和统一性，形成村庄的规划设计与运行机制、地方文化机制、社会结构机制和生产方式。乡村景观规划设计应坚持以人为本，优化乡村景观规划设计，坚持以满足农村居民的利益为目标，为人们创造一个舒适的生活环境，实现周围环境的协调发展。自然景观设计的农家、绿化环境、道路建设，应接近自然，使农民充分欣赏自然美。乡村景观规划设计，注重经营理念，以确保乡村景观规划设计的长远发展，充分考虑经济合理性，虽然注重绿色，但水景小品及其他设施的配置应适当减少。在景观设计上应充分考虑一次性投资，也要充分考虑后期的使用和维护费用，为农民创造一个良好的乡村景观，满足农民的精神需求，创造一个美好的生活环境。应注意总结经验，农村景观规划设计不应该增加农民负担，要使农民能从现代化的乡村景观规划和设计中获得利益，确保乡村景观为农民的生产服务。

合理利用资源，改善人们的生活环境，提高人们的生活质量，坚持可持续发展的原则，在人类、环境、社会关系的基础上提出了发展的概念和发展模式。乡村景观规划设计应充分体现区域与人的可持续发展。实现农村土地资源、矿产资源和动物资源的集约化、高效化和生态化，是农村景观设计的前提，是促进农村经济活动的基础。由于农村居民和城镇居民的生活水平有很大差异，所以不同地区的农村景观有很大的差异，因此，要改善农村景观设计，就必须不断改善农村贫困落后的状况，为农民创造一个更好的生活环境，提高其生活水平。

三、我国乡村景观规划设计中存在的问题

目前，虽然我们国家有很多农村村庄进行了规划和设计，但总体规划和设计方法单一，规划和设计主要采取城市布局模式，几乎从来没有根据自己独特的结构特点进行规划和设计，乡村规划设计不分大小，土地不分南北，方案没有特色，缺少乡村自由、亲切的田园特色。

乡村景观规划设计没有保护的概念，目前乡村景观规划设计的重点只是盲目推倒重建，不考虑保护古建筑和古文化。一些村庄的规划设计，只是机械地模仿城市景观规划和设计手法，一味加高楼层，增加中心区的广场。把景观设计简单化地等同于绿化种植，见缝插绿，绿化景观建设没有科学的规划与设计，随意行事和自作主张，直接导致农村景观建设发展不平衡，土地浪费严重，农民无法真正受益。

四、乡村景观规划设计方法

乡村景观的兴起，促进了中国农村规划和设计学科的产生，

并在我国受到了重视。然而，与国外先进的设计理念相比，仍有不小差距。因此，我国应加强对这一领域的研究和投资，制定相关的法律和政策，完善乡村景观规划设计。

根据景观意象的来源，可以把乡村景观形象分为两类，即原生景观形象和诱导景观形象。在古代，主要是通过小说、绘画等来获得乡村景观形象的特征；在现代，随着科学技术的进步、影像技术和信息技术的发展，可以从多种渠道推广乡村景观形象。

第二节　公园绿地景观规划设计

一、城市公园绿地景观的概念

城市公园绿地景观是城市绿地系统的重要组成部分。它不仅为城市提供了大面积的绿地，还拥有丰富的户外娱乐内容，适合各种年龄和职业的居民。它是大众进行文化教育、娱乐、休憩的场所，对城市面貌、环境保护、社会生活起着重要作用。

城市公园是人们接触自然、放松身心的主要空间，是公共绿地的重要类型。在我国，城市公园的主要建设工作是由政府或公共机构完成的，由于主体的非营利性，更需要加强城市公园景观规划设计，以减少投入，从而达到更好的效果。随着经济的发展，大城市的人口集中，在促进城市进步的同时，人们对城市公园和娱乐观赏、绿化美化、体育和健身功能也有不同的需求，这就要求城市公园景观规划中的基本功能能够提高城市公园的品位和质量，更好地美化城市，反映人文和改善生态。现代城市公园景观规划应根据城市发展和居民的实际需求，结合现代公园景观规划理论、经验和实践，遵循城市公园景观规划工作应坚持的原则，并针对当前城市化的特点，提出现代城市公园景观规划的具体工作，为城市的发展以及和谐的现代化建设做出努力。

二、综合性公园的功能

1. 政治文化方面

文化公园是介于自然和人文旅游资源之间，根据特定的文化，采用现代科学技术和多层次空间活动设置方式，集诸多娱乐活动休闲要素和服务接待设施于一体的现代旅游目的地。随着我国改革开放和社会经济文化的发展，各种不同类型的文化公园在全国各地如雨后春笋般地出现，并逐渐呈现出现模不断扩大、投资不断上升、内涵日益丰富的趋势。但是，在繁荣的背后，面临的却是经营困境。据统计，目前全国已有近1 500亿元巨资"套牢"在各类文化公园中，其中70%处于亏损状态，20%持平，盈利者只有10%左右，约有2/3难以收回投资。当然，在我国也不乏成功的范例，如早期深圳的锦绣中华。我们发现，国内文化公园的建设受短期经济利益的驱动，普遍存在盲目模仿和跟风现象，共性突出，个性不足，这一问题主要表现在公园的建设缺少和地方传统文化的有机融合，可持续发展能力受阻，表现力和再生能力严重不足，这不得不引起我们的重视。

（1）公园有了，"文化"却丢失了。从发展历史来看，文化公园是由游乐园演变而来的，最初是与影视相结合的产物。典型的如美国的迪士尼乐园，作为改革开放和经济发展的产儿，国内文化公园起步较晚，但发展迅速。我国第一个文化公园是1989年落成于深圳的锦绣中华，截至目前我国各种规模的文化公园总数已经达到2 500个。文化公园的内涵也在不断地深化和丰富，这些文化公园大多缺乏必要的市场调研，造成对市场认知的盲目，同时又缺乏历史文化积累，难以突出特色，这样的文化公园是没有生命力的。我们也要认识到单纯以游乐功能为主的文化公园终将被淘汰，而将观赏、参与和休闲融为一体的综合文化公园才能占领市场。因此一个好的文化定位，是我们取得成功的关键一步，可以说，"一个好的文化定位意味着成功的一半"，因为文化公园一般投资都很大，如果文化选择不当，一旦经过大量投资，效果不是很理想，再想改变将是很难的。目前，我国文化公园的发展存在一定的问题，早期的一些文化公园取得成功后，全国各地一哄而上，许多文化公园未经充分论证即仓促上马，以至于文化重复，建设粗糙。

（2）门票价格上来了，亏损却严重了。一般来说，文化公园的盈利模式即文化公园通过投入将获取其他物质利益的手段结合起来，其核心是文化公园获得现金流入的途径组合。从对文化公园产品系列的横向和纵向的挖掘深度来说，主要有：①旅游门票盈利模式，即通过简单的圈起来收取门票的模式，这是文化公园最基本和最初级的盈利模式。②游憩产品服务盈利模式，即提供有助于丰富体验（经历）的游憩服务以及相应的服务体验来实现盈利的模式，它是文化公园的核心盈利模式。③旅游综合服务盈利模式，即在文化公园区，通过旅游者的餐饮、住宿、购物等相关外延服务来获取盈利的模式。这是文化公园的外延盈利模式。而我国的文化公园盈利大多停留在最初级，也就是门票盈利模式上面。据调查，在文化公园的整体营业收入中，门票所占比例为八成以上，而国外文化公园的门票收入在整体收入中往往控制在50%以内。这不难解释为什么在我国的文化公园中，门票定价长期以来居高不下，餐饮和商品经营的观念建筑在一种垄断的高价位基础上。文化公园所传递的文化内涵没有得到足够的重视，收益则只占很小的比例。这种现象背后的一个深层原因在于对文化公园文化内涵的重视程度不高，宣传力度不够，游客没能充分体验到其所承载的文化内涵，大多只是走马观花，只是将文化公园当作一个一般的旅游景点来参观、游览。同时因为没有体验到当地浓郁的文化特色，他们很少再次光临，在这种情况下，文化公园很难在短期之内收回成本，为了维持庞大的日常开支只能提高门票价格，而门票价格的居高不下又使很多人望而却步。

（3）客源市场本地化，减小文化吸引力。文化公园的客源市场可分为现实客源市场和潜在客源市场。据了解，目前支持我国文化公园正常运作的主要目标市场仍是以公路运输为主的客源市场。文化公园客源市场的本地化倾向，可以提高对文化公园的认同度，同时我们也应该注意到，随着旅游的发展，旅游已经成为人们探索异地文化的主要方式，客源市场本地化的形成，减小了这种异地文化所形成的吸引力。同时我们也注意到客源比较复杂的地域文化公园比较容易成功，例如我国珠三角地区的文化公园的效果都很不错，尤其是深圳的三大文化公园取得的成功更说明了这一点，所以在建造文化公园时要注重对外部客源市场的开辟。

从文化角度去"选题"，文化公园应该包括两个主要的因素，一是鲜明的文化，二是围绕这个文化而进行的包装。从实际情况看，成功的文化公园的定位，一是以传统文化为文化，二是以政治文化为文化。我国地域辽阔，文化悠远，悠久的历史文明一直以其独特的文化魅力吸引世人的目光，我国以中华民族传统文件为背景的文化公园，应该好好利用这一宝贵资源树立自己的品牌形象，只有文化独特，个性鲜明，才会对游客产生强烈的吸引力。从根本上讲，文化公园销售的是一种文化。文化公园的发展应该重在文化内涵的挖掘上，而文化内涵主要体现在与区域文化的一致性方面。文化公园应将当地旅游业与当地文化紧密糅合在一起，打造属于自己的品牌，同时用文化做大旅游，通过发掘和宣扬文化来综合性地发展当地的旅游业；文化公园应多方位地展示当地特色文化，依次赋予旅游产品以丰富的文化内涵，从而创造出具有鲜明特色的旅游文化。因此，我们必须对区域市场的文化因素进行研究，每一个地区都有属于自己的文化内涵，我们要在一个区域建造一座成功的文化公园，就必须对当地的文化有一个清楚的认识和考证。如江苏的吴文化、山西的晋商文化、陕西的大唐文化等。这些还不够，围绕着这些主要文化，我们要进一步探索展示这些文化的因素，杜绝商业上的短期利益驱动行为。

① 挖掘区域文化特点。21世纪，我们已经进入了体验旅游时代，那么体验的最高层次就是体验当地的风土人情，体验当地的独特文化，而且我们发现越具有本地文化内涵的景点吸引力越强，生命力也越持久，所以作为典型的人造景点的文化公园，它所能抓住的最好的文化就是与当地的地域文化和传统文化相契合的文化，也就是抓住当地的文脉和地脉，这样建造的文化公园才能吸引外来游客。

② 以不变应万变。这里的不变，指的是文化不变，保持原汁原味。万变主要是就公园的市场情况来讲。回顾国外文化公园的发展模式，我们也可以看出他们非常注重对文化公园中文化属性的探求，他们不单单是在卖公园产品本身，更是在卖他们的浓郁文化，产品的文化寓意越深、越地道，就越有吸引力。如传统的迪士尼乐园展示的文化没有多大差别，而新建的文化公园则更多

地立足于当地文化之上，如香港的迪士尼乐园，在保存了迪士尼乐园传统的特点之外，还融合了东方人的审美体验，这就是迪士尼乐园长盛不衰的主要原因。

③ 不断寻求展现文化公园文化内涵的表现形式。一个文化公园没有特有的文化内涵就没有发展前途，没有生命力，但如果一个文化公园仅有深刻的文化内涵，而不能利用文化内涵策划创造出表现这种内在文化特色的活动，就不能形成自身的品牌，相应地就不能吸引大量游客。构思文化时应对旅游区的历史、原有旅游资源、城市品牌形象进行分析，同时也应该充分考虑到旅游者的文化认同感。一般来说，一个旅游区的历史文化氛围、原有景点、城市形象以及经济发展情况会在游客心目中留下一个综合印象，那么，公园所突出的文化也应力求和这一综合印象取得一致，文化公园也往往充当了这种文化传播的载体。例如，一提到杭州，我们就会联想到秀丽的西湖、壮观的钱塘潮以及南宋都城临安的繁华，因此，杭州仿《清明上河图》建"宋城"就和城市总体感知形象相协调，而建"世界城"就不适宜。又如，在无锡建设"吴文化公园"和其江南文化名城的形象正相协调，而建设"唐城"则不大合适；西安作为唐文化的中心，建一座"唐城"显然更为适宜。再如，拿深圳的"世界之窗"和北京的"世界公园"做一比较，深圳给旅游者的形象是经济特区，了解和接触世界的窗口，到深圳游览"世界之窗"就很自然；而北京是我国的政治、文化中心，历史悠久，名胜众多，如长城是中华民族的象征，故宫、天坛、颐和园等是明、清紫禁城的象征，天安门是首都的象征，这些都是旅游者的必游之地，相比之下，"世界公园"的吸引力则要小得多。文化公园在经历旺势之后，只有不断充实文化内涵，使旅游产品不断得到完善、充实和更新，突出文

化品牌效应，才能吸引游客，创造较好的社会效益和经济效益。

④ 在深度挖掘的基础上，不断更新文化。对于一个好的文化公园来说，挖掘文化内涵，结合本地文化还不能一劳永逸，还应该围绕文化不断地创新，不断地对文化加强创意，将文化和游乐内容有机地结合，做大做强，满足游人欣赏和游乐多方面的需要。因此，要将中国本土的文化内涵和现代游客的游乐需求相结合，形成新的吸引力。

文化公园建设的若干文化启示：

（1）以文化定位文化公园，吸引客源市场。深圳的四座文化公园一开始就有了定位，所以其在筹建阶段就有明确的宗旨、鲜明的文化，如深圳"锦绣中华"将我国风景名胜荟萃于一园，在1989年无疑是一种新形式，因此吸引了大量游客，当年9—12月国内外游客达926万人次，1990—1993年，每年游客均维持在275万人次以上，收益巨大。"锦绣中华""民俗文化村"的内观外貌生动地表现出东方园林和中华文化的神采。"世界之窗"让人们感受到西方文明的豪华气派和高雅，"欢乐谷"带有东方童话的影子。四大文化公园各自内在和谐的景致，使之各具有或东方，或西方，或两者兼而有之的鲜明特点，各大园之间互为补充，相映生辉。四座文化公园一直遵循着建园宗旨，和谐共存，各具特色。一切发展都围绕着自己的文化进行，在这样的文化定位之下，客源主要是中高等收入者，或者是国外游客。就目前我国文化公园的经营现状来看，它们的命运如出一辙，往往在经历了开业之初的短暂辉煌之后，便难以为继。

（2）以文化为纽带整合本地旅游资源。一个地区的旅游资源零散而且杂乱，表面看上去各成一体，但是如果我们进行深度挖掘，就会发现它们之间有一根共同的红线将其连成一体，这条红线就是本地独特的地域文化。现在旅游业提出了发展大旅游的观念，就是要摒弃原来的各自为体的方式。对地方经济而言，一个成功的大型文化公园相当于一个大型的经济发动机，文化公园除了自己的门票收入外，还能带动城市的交通、住宿、餐饮等多方面的发展，所以地方政府都希望自己的辖区里也有一个大型的文化公园可以带动当地经济的繁荣，政府的支持无疑对文化公园的建造、宣传、营销起到了很大的作用，因此由政府出面整合本地旅游资源是文化公园发展的最佳模式。同时我国的文化公园因为是建立在本地文脉和地脉的基础之上的，所以更能够代表本地独特的文化，我们应以文化公园作为本地景点的"龙头"，带动本地旅游业乃至整个地方经济的大发展。

（3）以文化内涵渗透旅游的六大要素（食、住、行、游、购、娱）。前面已经谈到我们国家的文化公园门票收入是其主要收入，因此我们国家各地区文化公园的门票价格在当地各景点中的价位一般都是比较高的，这样就会限制一部分游客的进入，要改变这种不利的局面，可以将盈利点分散在旅游的其他方面。比如说，国外文化公园研究者发现，住亲戚朋友家的游客消费仅是住酒店的游客的20%，这从一个侧面反映了游客的消费是一种综合的消费，除了公园以外还有酒店、度假营地、购物中心等设施。我国的文化公园很少像国外那样经营度假胜地，由于经营模式单一，综合收益也就比较低。要改变这种局面，我们可以使我们的住宿环境带有地区文化的特征。

2. 游乐休憩方面

我国现有公园类型较多，按照各种公园绿地的主要功能和内容，可分为综合性公园、纪念性公园、儿童公园、动物园、植物园、古典园林、经市政府及以上单位批准的风景名胜区等多种公园。城市综合性公园也称作普通公园，相对于现代公园中的专类公园，属于中国现代公园的范畴。其中综合性公园是指供城市居民良好地休息游览和文化娱乐的、综合性功能为主的、有一定用地规模的绿地。综合性公园的主要功能是为城市居民提供游览、社交、娱乐、健身和文化学习等活动场所。综合性公园的内容、设施较为完备，规模较大，质量较好。园内一般有较明确的功能分区，如文化娱乐区、观赏游览区、安静休息区、儿童活动区、老人活动区、园务管理区等。

下面以某公园为例分别来介绍一下各功能分区：

公园始建于1958年，占地513亩[①]。这里水秀竹翠，楼台亭榭点缀其间，有仙溪园、月影湖、鸳鸯岛、动物园、儿童乐园、寸金桥、烈士陵园等，是一座具有历史意义的综合性公园。公园的分区主要有：文化娱乐区、观赏游览区、安静休息区、儿童活动区、老人活动区、公园管理区。

（1）文化娱乐区。文化娱乐区是为游人提供活动场地和各种娱乐项目的场所，是游人相对集中的空间，称为公园中的闹区，例如公园的金竹园舞场、旱冰场、马场等，常设于公园的中部，成为公园布局的构图中心，因此布置时要避免各项活动内容的干扰，可以利用树木、山石、土丘等加以隔离。

（2）观赏游览区。观赏游览区主要是以参观为主，在区内主要进行相对安静的活动，例如寸金湖、寸金桥和花卉观赏区都是游人喜欢的区域，为了达到观赏游览的效果，要求该区游人分布密度较小，一般选择现状、植被比较优越的地段。观赏游览区的行道参观路线是非常重要的，道路的材料铺张、宽度变化都应适应景观的展示和动态观赏的要求。

---

① 　1亩 ≈ 667m^2。

（3）安静休息区。安静休息区是公园当中占地面积最大的一个区，专供游人安静休息、学习、交往和进行一些较为安静的活动，比如太极拳、漫步、气功等。该区景观要求比较高，应采用园林造景要素巧妙地组织景观，形成景色优美、环境舒适、生态效益良好的区域，主要开展垂钓、散步、阅读、划船等活动，可结合自然风景设立亭榭花架等。一般安静休息区与喧闹区应能有一个自然的隔离，避免受干扰，因此布置时要远离出入口。

（4）儿童活动区。为了满足儿童的特殊要求，在公园当中设置儿童活动区是非常有必要的。儿童活动区一般布置在公园的主入口，便于进入公园之后尽快到达区内开展自己喜爱的活动，如寸金公园内的儿童游乐园，设有碰碰车等。儿童区的建筑、设施要考虑儿童的尺度，色彩要鲜艳，要富有教育意义，儿童区应选择无毒、无刺、无异味的植物以保证儿童的安全。另外，儿童活动区要设置一些休息设施，如坐凳、花架，供家长休息。

（5）老人活动区。随着城市人口老龄化速度的加快，老年人在城市人口中所占的比例日益增大，公园中老年人活动区是公园绿地中使用率比较高的地区。

老人活动区应设置在观赏游览区或安静休息区附近，要求环境优雅、风景宜人。要设置一些适合老人活动的设施，比如下棋、压腿杠等。例如在寸金湖旁边设置的长凳和一些亭子，都是供老人活动的区域。

（6）园务管理区。园务管理区是为公园管理的需要而设置的，可设置办公室、值班室、广播室、食堂、花圃等。园务管理区要方便与街道联系，并设有专用出入口，不要与游人混杂，这个区域要隐蔽，不要暴露在风景游览的主要视线上。例如在公园设置了派出所和一些管理机构，以维持公园秩序的有条不紊。

3. 科普教育方面

（1）以科普活动为载体，开展形式多样的活动。以科普活动为载体，社区应结合节庆活动，如庆妇女节、建党节、"5.29"计生协会日、禁毒日、全民健身日、重阳节等举办不同的文艺宣传活动，联合辖区单位，利用各种社会资源举办科普培训、科普活动，满足人们对科学知识的求知心态和需求。组织广大志愿者、居民参与科普活动，真正形成全民参与的局面。邀请专家、教授、科学技术人员举办科普讲座，讲授节能环保、食品安全、公共安全、卫生保健、居家养老、防灾减灾、消防安全等知识讲座，切实满足居民对科学的需求。充分利用学生寒暑假积极开展寓教于乐的科普活动，带领他们接近自然、拥抱自然，增强他们对科技、自然的想象力与动手能力，进一步拓宽他们的视野，激发他们热爱生活、创造未来的热情。通过切实开展"科技周""全国科普日"活动将社区科普工作推向高潮。

（2）抓示范、突特色，提高居民的科学文化素质。在科普中继续加大以点带面的力度，使社区科普工作上一个新的台阶，坚持组织好"全国科普示范社区"等大型科普活动的同时，社区充分利用自身资源、辖区单位和公园的天然科普教育基地（内有动物园、植物园、青少年活动场所、健身区等科普活动场所），充分发挥科普教育作用，积极探索科普教育基地的建设工作和开展科普活动的思想和方法，吸引或组织居民到基地参加科普教育活动。社区工作者通力协作，创办自己的"普及科学知识、提高生活质量、促进社会和谐和科普教育基地活动"的特色品牌。一是结合主题举办每期的科普文艺活动，将科普融入文化，以科普进楼栋、进家庭，引导社区文化，促进科普进万家。二是认真举办"食品安全""科技节能""防灾减灾"等不同主题的科普宣传活动，将定期邀请检察院、法院的干警到社区为居民讲解常用法律法规知识及如何用法律保护自己的合法权益，从法律、文化、养生、环保、科技等方面满足不同人员的要求。三是完善社区家庭健康服务，定期邀请社区卫生服务站的医生，为居民免费进行诊疗，在方便居民的同时，帮助社区困难居民解决看病难的问题。四是建立社区居民科普服务平台，开通社区科普网上服务，使居民能够随时通过网络得到科普知识和信息。五是加大对伪科学、"法轮功"邪教组织的反对力度，利用社区的宣传阵地，组织居民观看碟片、宣传画等，使居民自觉加入到反对邪教、反对伪科学的队伍中来。同时，开展各类以反邪教为主要内容的文化、体育活动，通过活动让居民树立起反对邪教、崇尚科学的意识。

在充分利用辖区公园的公共性和开放性场地条件下，社区干部及工作人员本着弘扬科学、传播文明、服务社区群众为宗旨，不断开拓创新，发挥社区工作者队伍作用，充分调动广大居民主动参与的热情，倡导全民参与，让更多的人加入到科普工作中来，充分发挥公园的科普教育功能，就能将我们的科普工作越办越好。

三、综合性公园的类型

1. 市级公园

（1）公园要突出植物造景，提高景观质量。公园的景观质量是决定游人量的主要因素之一，植物造景是公园景观的主要组成部分，它可以形成有处所特点的园林。如驰名全国的北京香山红叶，重要树种是黄栌，每年秋天，满山的红叶吸引了中外各地的游客；景山公园的牡丹园、北海公园的芍药园和荷花节、紫竹院公园的竹子、植物园的桃花节、皇家园林的古松柏，均以植物取胜。而中小城市的市级公园，往往植物种类少，品种单一。如唐山市的大钊公园、大城山公园只有50多个栽扶植物品种；凤凰山公园只有60多个栽扶植物品种，且大都是北方常见的乡土树种。公园缺少统一的种植计划设计，或者不按计划设计栽种植物，所以要提高公园景观质量，首先要搞好植物品种更新改革的计划，恰当引进一些欣赏价值较高的树种。如引进南方的常绿阔叶树种；在疏林草地以带状、块状的情势装点宿根花卉，形成万绿丛中片片红的景观效果。公园的出入口、广场及主要部位多采取一、二年生草花安排景观，增添秋天观叶树种黄栌、茶条槭、黄连木、栎属、红瑞木、天目琼花等。

（2）市级公园建设应向特点发展以形成自身的优势。近年来，我国一些城市专类公园的建设异彩纷呈，令人目不暇接，如北京的世界公园、民族园、雕塑公园、动物园、大观园等，苏州的盆景公园，深圳的荔枝公园，西安的环城公园，沈阳的百鸟公园等。这些公园都以鲜明的主题，形成了自身的优势。市级公园要有不同的风格，才能使游客同日并游，无反复乏味之感。依照这个发展方向，公园才能取得较好的效益。唐山市的大钊公园以水面游船和花舟鱼跃景区为主，水面游船收入占总收入的21.19%，花舟鱼跃收入占公园总收入的18.56%。花舟鱼跃中的水族馆是通过集资方法改建的，购进了国宝级维护动物，弥补了省内公园空白，成为青少年、儿童普及科学的理想场合，很受游人的欢迎。凤凰山公园以登山眺望市区风景为主，开展综合服务运动，进一步完善服务设施，达到了创收的目标。大城山公园以动物区为主，游人到这里主要是欣赏各种飞禽猛兽，门票收入占公园总收入的57.71%。现在动物区在全体封闭后，逐步朝生态化方向发展，在24公顷的动物区内陆续放养一些小型鹿科食草性动物；将有翱翔能力的鸟类放于林中，使其自由生活，增添人们与动物的亲近感；驯化大型猛兽，为游客表演简单的节目等，以达到增添收益的目标。

（3）游艺项目要新颖独特。游艺项目是公园创收的大项，大钊公园、凤凰山公园游艺项目收入分别占总收入的71.81%和60.94%。但目前公园的游艺装备陈腐老化，应淘汰部分效益较差的、过时的装备，配备效益好的游艺机，引进受游人欢迎的游艺项目，以不断满足游客的好奇心理。游艺项目在青少年中有很大市场，项目引进要符合青少年的特色，各公园间应尽量避免重复。

（4）拓宽公园经营渠道。公园的经营是为游人服务的，经营的项目要有特点。针对中小城市公园本地游人多于外地游人的特色，经营重点应放在饮食上。如应用公园的一些边角空地引进、开发传统风味便利小吃。此举动不占用绿地，既经济又实惠，很受游人的喜爱。恰当的增售旅游纪念品，满足少部分外地游客的需要。应用公园得天独厚的地理位置承揽广告业务，天津市有的公园围墙做成装潢性的灯箱，将广告与园林艺术融为一体，值得借鉴学习。凤凰山公园已开发了西墙广告，取得了较好的效益。在公园内不影响景观的处所，也可尝试开展广告业务。积极兴办第二、三产业，为社会供给园林绿化服务，创办鲜花商店，以达到多渠道增添公园收入的目标。

2. 区级公园

在较大的城市中，区级公园的服务对象是一个行政区的居民，其用地属全市性公园绿地的一部分。区级公园的面积按该区居民的人数而定，园内应有较丰富的内容和设施。其服务半径为

1～1.5千米，步行10～15分钟可到达，乘坐公共交通工具5～10分钟可到达。

四、现代城市公园景观规划应遵循的原则

（1）因地制宜原则。现代城市公园景观设计工作应适应人文环境，如当地风俗习惯、文化习俗、审美特征。现代城市公园景观设计和规划应结合公园的自然条件、空间环境、植物类型、动物类型，将这些都纳入现代城市公园景观规划，可以实现自然的和谐统一，减少现代城市公园景观规划的负面影响，更适合现代城市公园景观与结构的统一，更适合市民观赏现代城市公园景观。

（2）总体规划原则。城市公园是一个景观综合，也是城市的一个组成部分，因此，现代城市公园的景观规划应以公园为基础，抓住公园与城市之间连接的关键环节，通过对现代城市公园的总体规划，实现公园功能，协调公园与城市之间的关系。现代城市公园的景观规划应从整体性、规模和空间的主要对象、空间设计、生态设计、功能设计出发，使整个公园成为一个有机协调的整体，并结合城市的格局和特征，从而真正发挥现代城市公园景观改善环境、优化空间、塑造形象的功能。

（3）以人为本原则。现代城市公园强调人与人之间的和谐关系，强调人与自然的关系，强调人与社会的共同发展，因此，现代城市公园景观规划必须坚持以人为本这一重要的原则。将以人与人的多向互动，人与自然、人与社会为中心的设计和规划，在现代城市公园景观中加以体现，反映现代城市公园景观的人文关怀，以满足现代社会中人们日益丰富的生理和心理的需要，使现代城市公园景观为城市居民服务。

五、现代城市公园景观规划要点

（1）现代城市公园景观布局形式。

① 规则布局形式。我国城市公园受传统建筑轴对称结构的影响，强调对称美，要表现整洁、开放式在规划布局中的几何形态，体现了审美的秩序、规律、平衡与协调。在现代城市公园景观规划中经常使用这种形式。

② 自然的布局形式。一些城市公园由于自然地形地貌条件，可以考虑根据自然环境自然布局规划模型，尽可能与自然地形的位置和周围的建筑和整体的环境条件相匹配，强调适形布置灵活的手段，在主题与重点方面不要拘泥于硬性的规定，惯于使用布局不规则的几何形状和自然风格。

③ 混合布局形式。混合布局形式是大城市公园规划常采取的模式，在强调景观对称和类似的同时，采取自然布局模式，追求曲径通幽、欲扬先抑、活泼玲珑等特殊效果，并显示现代城市公园景观的和谐和自然。

（2）现代城市公园景观功能分区。

① 现代城市公园景观应该是文化娱乐区规划，建有公共游乐场、舞池、旱冰场、画廊、游泳池等设施，人流较为密集，因此文化娱乐区应该尽量设置在公园的出入口附近，能熟练运用假山、灌木丛等间隔，促进文化娱乐区和周边人文环境的和谐。

② 现代城市公园景观应规划安静的休息区，以供人们在安静的公园中阅读、观赏和休闲。树木、地形和景观、雕塑等是安静的休息区可以选择的景观组成。

③ 现代城市公园景观应规划建筑小品。休息性小品，如椅子、凳子、桌子和遮阳伞等；装饰性小品，如喷泉、水池、景

墙、窗景等；显示性小品，如导向板、导向标志、公告栏等。在现代城市公园景观规划中，这些建筑不仅可以满足人们的不同需求，还可以构成美丽的风景。

六、面积和位置的确定

1．面积

面积不少于10公顷，10～50米^2/人。游客容量为服务范围的15%～20%；50万人口以上的城市，全市综合性公园至少容纳10%的游客。结合城市规模、性质、用地条件、气候、绿化状况、公园在城市中的位置与作用等因素来考虑。

2．位置

位置要结合城市总体规划和城市绿地系统规划来考虑。

（1）方便居民使用。

（2）利用不宜工程建设及农业生产的地形。

（3）具有水面及河湖沿岸景色优美的地段。

（4）现有树木较多和有古树的地段。

（5）有历史遗址和名胜古迹的地方。

（6）公园规划应考虑近期规划和远期规划相结合（留有发展用地）。

七、公园游客的容量

公园游客的容量是指在游览旺季高峰期时同时在公园内的游人数。公园游客的容量是确定内部设施的数量或大小的基础。公园管理是指通过控制游客数量，避免公园因为超能力接收游客，造成人员伤亡和园林设施损坏事故，为合理地规划城市绿地系统提供了基础。

总之，城市公园是城市的建筑和功能区的群体，发达城市的公园会具备更多功能。公园景观不仅是城市公园的主体结构，还是城市的象征，具有象征意义，为市民提供享受、休闲、交流和健身功能。随着我国城市化水平的逐步提高，笔者相信，在未来一段时期内，城市公园会有很大的发展，尤其是在人们的精神需求日益增长的情况下，更应做好现代城市公园景观规划设计工作。

第三节 湿地景观规划设计

湿地是由水和土地相互作用形成的一种独特的生态系统。它是多样性的生态景观之一，也是人类最重要的生存环境之一。湿地作为一种特殊的生态系统，具有不可替代的重要价值。为了更好地发挥湿地的生态、经济和社会效益，恢复湿地、保护和合理利用湿地公园的有效组合是一个较好的处理方式。在我国，湿地公园作为一种新事物，既具有湿地的特征，又具有自然保护区的性质。湿地公园是人类与自然和谐共处的结果。在现代生态学理论的指导下，人们提出了湿地公园规划设计的一般原则和方法。

一、湿地公园的概念和分类

湿地公园是指城市及其周边的设施具有一定的自然属性、科学研究价值和审美价值，湿地生态系统发挥一定的科学和教育功能，并在一个特定的地理区域内发挥娱乐功能。湿地公园在为人们提供娱乐场所、城市水源涵养、维护区域水平衡、调节区域气候、降解污染物、保护生物多样性、改善生态状况方面均起着重要作用，是湿地生态效益、经济效益和社会效益的集中体现。根据湿地公园建设和功能的不同重点，将湿地公园分为自然湿地公园和城市湿地公园。自然湿地公园是在湿地自然保护区预留一定范围、不同类型的辅助设施，如观鸟亭台、科普馆、游道等，开展生态旅游和生态教育。城市湿地公园是在城市附近，把现有的或退化的湿地，通过人工湿地生态系统的恢复与重建，按照生态规律进行规划，改造和建设成为自然生态系统的一部分。

二、湿地公园规划设计目标

湿地公园建设，首先是保护现有湿地，维护湿地服务的正常功能。目标是加强对自然生态系统的保护，尽可能恢复受损的湿地生态系统。充分体现湿地公园的生态旅游价值和丰富的景观及文化价值。湿地公园也是科学研究和教育的重要场所之一，与湿地自然保护区有关。通过湿地公园的建设，利用湿地开展生态保护和科普教育活动，充分利用湿地景观价值和文化属性，丰富人们的休闲娱乐活动。允许游客在一定范围内观察野生动物，并在娱乐的同时了解更多有关湿地的问题。

三、湿地公园的建设与规划原则

湿地公园的建设规划应遵循优先考虑生态保护、合理利用资源、保护湿地资源的原则。

保护湿地生态系统，保护湿地环境的完整性，保护湿地资源的稳定性。湿地公园规划中的生态优先原则主要体现在生态系统恢复与重建的动态平衡上，提高系统的总代谢率和生产率。在湿地生态系统的恢复过程中，完全修复所谓的"原始生态"是不可行的，这是没有意义的。在功能恢复上，应注意平衡功能，即生态系统的生产和分解代谢过程和生态系统与周围环境之间的物质循环和能量流动的关系保持动态平衡。

湿地保护工作不能采用封闭和绝对的保护，而只能在保持和可持续利用的前提下，合理地利用湿地资源。这是中国湿地保护和管理的核心。湿地生态系统作为一种自然资源，其开发和利用程度不受限制，应合理利用湿地资源，包括合理利用湿地动植物的经济价值和观赏价值，合理利用湿地提供水资源、生物资源和矿产资源，合理利用湿地开发休闲和游览资源，合理利用湿地开展科学研究与科学活动，保护优先、合理利用，实现生态保护与旅游发展的双赢。例如，香港米埔自然保护区，经过30多年的发展，始终坚持合理开发、保护和可持续发展的原则。牙买加湾是美国最大的湿地野生动物栖息地，不仅是各种生物的理想栖息地，还是纽约国家游憩区的重要组成部分。

合理的职能分工，能有效促进社区参与湿地公园的规划。因此，合理规划和区分湿地公园是设计的重点。笔者认为，湿地公园总体规划大致可分为4个区域。根据不同湿地可根据当地情况进行调整。

（1）湿地保护区。保护湿地的最大特点是"最小干预"或"最小干扰"，这是根据湿地的自然特征，以保护湿地植物、鸟类、底栖动物、土壤等相关生物环境和非生物环境为主要目的。在湿地保护区内应创造各种条件，使之适合于鸟类，达到引鸟、招鸟的目的。主要措施有：分别形成林地和湿地森林，开放湿地、沼泽、水、灌木、岛屿等不同环境类型及对应的鸟类。满足鱼类繁殖与度夏、鸟类捕食栖息等活动所需不同水深的要求。种植蜂蜜植物作为吸引鸟类的食物来源。隐藏的要求：人与鸟岛之间的直接距离要超过50米。湿地公园与湿地保护区最大的区别是湿地的使用。其中一个最重要的方面就是湿地旅游。根据湿地公园的承载能力和生态系统的敏感性，可以充分发挥湿地的社会效益和经济效益。湿地的生产和利用也是园区的主要目标之一。在利用层次上主要是湿地养殖和湿地种植。在湖南资兴东江湖国家湿地公园中就规划了适度的网箱养鱼，而在辽宁铁岭莲花湖公园则规划池塘养殖，包括各种湿地经济作物的种植。处理污水也是湿地可持续利用的一个重要方面。辽宁铁岭莲花湖湿地公园是利用湿地净化功能，规划多层次的湿地净化功能区，以净化城市的生产、生活污水。香蒲、蔍草和芦苇等湿地植物，由于生长力强、根系发达及区域分布广，而被广泛地应用于湿地公园的污水净化中。

（2）湿地缓冲区。这个区域的作用是减轻干扰，并提供更多的生活空间和栖息地。一般的做法是增加植被缓冲区，创建人工群落交错区，加强湿地和周边地区的连接。它不仅减少了游客、建筑物、道路等其他因素对湿地的不利影响，同时也在建筑物的走廊提供了动物和植物的庇护所，以避免破坏动物和植物在湿地公园建设中的作用。在建设走廊的时候，要注意以下几个方面：

① 超过一个走廊：一个以上的走廊是相当于空间运动的种类，增加了选择的方式，增加了安全保险。

② 地方特色：走廊内的植被应是当地的植物。

③ 越宽越好：走廊必须与源地连接，必须有足够的宽度。否则，走廊不仅不能发挥空间的作用，还能引导外来入侵物种。

④ 自然背景：走廊应自然或恢复到原来的自然走廊。任何人类设计的通道都必须适应自然景观格局，与水系格局相适应。

（3）湿地管理区。湿地管理在湿地公园是中必不可少的一个规划项目。

功能上不仅包括湿地公园自身的旅游管理和接待服务，更重要的是肩负着湿地公园中生物和非生物环境的监测任务。管理区职能有：对游客的管理、对生物安全的管理、对湿地水体的监测等。

（4）湿地展示区。湿地展示区可以规划水禽科学博物馆、湿地社区主题博物馆、湿地功能厅、湿地水文化展览馆、湿地博物馆开展湿地科普教育，以提高湿地公园的内涵为根本目的。如成都市活水公园，是为了证明人工湿地系统的新技术，以处理废水作为环境科学园区的主体。从厌氧沉淀池到植物池可以清楚地看到污水逐渐变得清晰。我们可以充分认识到"死水"变成"活水"的过程。因此，湿地公园的生态保护与建设，湿地公园的建设、保护和管理等方面的责任，需要全社会共同承担起来。社区作为生态旅游文化营销的终端，通过监督、宣传等活动对湿地公园和社区居民的互动具有非常重要的积极作用。例如，日本钏路湿地公园建立民间民族联络委员会，成员来自社会各界，负责湿地的保护、利用和发展研究。在东京湾野生湿地公园里只有10多名专职管理人员，但有50多名来自各行各业的志愿者。英国WWT（Wildfowl and Wetlands Trust，鸟类和湿地基金会）包括英国的多个湿地都在社区参与方面有着丰富的经验。

在建设湿地公园的过程中构建和谐的景观，要注重选材，充分利用现有条件，对动植物的地域景观进行规划设计。在材料的选择上应选用当地的材料，以反映当地的传统文化风格。尽可能使用本地物种，但也要考虑植物的多样性。在湿地种植群植蜜源植物或鸟类栖息植物，如女贞、枸杞、樟树、杨梅、花石榴以及刺槐、国槐、双荚决明等豆科植物，为招鸟、引鸟提供食物来源。在建材方面，应多选择可持续利用的材料，如竹、石、草、砖等，或取木料、人造石等塑料。在色调上也应符合当地的习惯。如香港湿地公园非常注重材料的选择，在材料的选择上优先使用软质木材及可更新的木材，在施工中使用了大量的木制百叶窗装置，减少对已定居居民的影响。

优化植物配置，协调景观建设，合理利用人为干扰，保持湿地群落的多样性和生态功能，是湿地建设和管理的关键。在充分尊重原有地形、地貌和植被的基础上，对原有的植物群落进行适度的人为干扰，优化植物配置，尽可能保持生物多样性。而目前最受赞誉的杭州西溪国家湿地公园，应用水生植物72种，但据统计，浙江省拥有各种水生植物150种，西湖、西溪未用到该省物种的50%。因此，优化植物配置，保持生物多样性是湿地公园建设的一个关键点。湿地水生植物的种植应采取大规模种植、沿岸列植和点植相结合的方式，以充分体现湿地景观的粗犷，并能透出局部景观的精致。在植物形态上也应采取紧急植物、漂浮植物和一般植物的组合。根据水位和水深的变化，形成"水生—沼生—湿生—中生"植物群落带。整个区域的植物体现出"水生—湿生—陆生"生态系统的渐变特点。在引入植物时应充分考虑其入侵性及后期养护问题，杜绝一切不明外来物种的进入。在整治与保护湿地期间不宜引进沉水植物，但在中后期，可适当引入金鱼藻、水麦冬等沉水植物，以便维持河道、池塘内的底泥稳定。

加强科学教育，突出湿地文化。湿地公园可以作为科学研究、教学实践、科普宣传和青年自然知识教育的基础。因此，科普教育是湿地公园总体规划的重要组成部分。香港湿地公园在这方面一直备受关注，政府对学校团体和其他参观者的参观也做了说明。湿地景观是由湿地人类文化圈与自然生物圈相互作用形成的，湿地公园的建设应充分利用湿地的历史文化特征，提高湿地公园的内涵和质量。例如，杭州西溪湿地公园，设计师们发掘当地的农耕文化，同时，通过搜索和修复历史文物，发现歌剧首演陈万源老住宅的文物价值，挖掘和保护了一批碑刻、浮雕、历史典故传说，示范和命名了一批匾额、船名、桥，并汇编出版了《西溪纪胜》与西溪文化系列丛书。还有，江苏姜堰市是京剧大师梅兰芳的故乡，溱湖国家湿地公园以美的庭院为标题，引人入胜，效果也不错。

优化湿地管理，坚持环境监测。湿地生态系统是极其复杂多样的，功能和效果不完全相同，有必要建立一个湿地系统的管理系统，预测湿地在自然和人类活动条件下发挥的生态功能，实现湿地资源可持续和合理利用的目的。

强化湿地管理的措施主要包括以下几个方面：

（1）加强生物安全管理。没有充分的论证，不能轻易引入可能会对湿地的植被组成和结构造成变化的外来物种。

（2）加强对植被的管理。由于降低了生产率，湖岸植物枯萎更可能造成二次污染，应当有计划地收割以实现对湿地和森林净化能力的恢复；注意对水生植物的湿地资源利用，只有在规定的季节才能收割。

（3）适度增加正面的人工辅助。在湿地公园日常管理中，通过适度增加人类干预的方式，维持目标物种的稳定性和目标物种的生境类型。

（4）消除消极的人类活动。提高对湿地公园的科学计算能力，增加接纳数量和公园游憩项目。

（5）国际收支平衡能力。旅游业必然会对大气、水、动植物产生负面影响，通过扩大湿地公园的环境容量，实现环境容量的收支平衡。

根据国内外湿地公园建设的实践，将湿地公园建设分为4个阶段：可行性论证、规划设计、建设与维护管理。在每个阶段的实施过程中，可以监测和评估湿地生态系统。目前，3S（GIS，GPS，RS）技术越来越广泛地应用在湿地资源调查、湿地分类、湿地功能评价、湿地监测、湿地保护研究中。如杭州西溪湿地就建立卫星遥感信息处理系统（RS）、地理信息系统（GIS）和全球定位系统（GPS）来遥感生物多样性的关键领域。云南红河哈尼梯田湿地公园不仅在湿地监测方面给予了高度重视，在每个地区建立湿地资源监测站，并在生活污水、垃圾处理、旅游垃圾等方面做了相应的规划，为我们今后的湿地建设提供了一定的参考和借鉴。

要建设一个成功的湿地公园，首先，要保证规划目标核心服务功能的正常发挥；其次，必须保证生态的完整性，能够自我维护，实现低成本管理，以避免成为一个"奢侈品"，甚至成为一个地区发展的负担。为了营造一个丰富的公共开放空间，要将生态、景观、科普、文化等进行整合，实现自然资源的合理开发和生态环境的持续改善，最终体现人与自然的和谐共处。

第四节　校园景观规划设计

提供一个和谐、自然、高质量的大学校园环境，促进科学研究和教学成果的快速发展，是每一个大学校园景观设计师应该思考的问题。自1999年国家制定和实施高等教育扩招战略以来，教育事业迅速发展，无疑对校园环境建设提出了更高的要求。高校都急于扩大学校的土地和校舍的规模，而且施工时间很紧，导致项目质量下降，存在严重的安全隐患。2010年，大学校园环境促进工程已经开始，开展了教育工程、爱心工程、文化工程、校园景观等基础设施建设，校园成了城市优美的风景。在校园环境建设过程中，不仅要着眼于水、绿地面积的扩大及和谐统一的教学环境，还要注重人文精神的体现，营造良好的校园氛围，培养学生的精神品格，注重和谐统一，注重可持续发展，将校园景观营造成城市景观中不可或缺的一部分，从而带动城市景观的发展。

一、高校景观设计的背景与问题

根据近几年高校校园景观设计的现状可知，随着大学生数量的大幅增加，许多高校都面临着改革、扩建，甚至建设新校区的问题。在我国高校建设和扩张的过程中，创建一个良好的可持续发展的校园环境，是高校校园规划建设的重要组成部分。然而，在现阶段，我国大学校园景观规划设计中仍存在一些问题。

（1）忽视生态问题。近年来，国内高校建设与自然环境建设之间的矛盾尤为突出。同时，对自然环境的设计与建设还不够重视，导致在一定程度上破坏了校园周边的自然环境。

（2）缺乏人性化设计。除了学习、运动、休息等基本的校园生活外，学生还需要相互沟通，在规划校园环境时，尽量营造师生之间的自由交流空间，营造校园内外的自由空间，促进学生与学生、学生与教师、学校与社会的互动。

（3）文化元素缺失。文化内涵是学校特色的体现，是校园景观多样性的象征，而千篇一律的施工方法则会导致校园景观人工要素占据绝对优势，校园环境的文化无法得到充分体现。

二、校园景观设计分析

校园环境是一个复杂的综合体，但如果校园景观设计只注重解决问题，就不足以成为优秀的校园规划设计。要实现校园环境、功能、经济和技术的优化，就必须创建一个具有深厚文化底蕴、可持续发展和有积极影响的和谐校园。

三、校园景观设计的功能

（1）学习功能。大学是一个教书育人的地方，良好的校园环境对学生日常的学习很有帮助。除了景观赏心悦目外，教学楼、实验楼、图书馆、宿舍楼之间的距离也要适当，使学生可以停下来休息，在校园内应有足够的绿色遮阳区供阅读和背诵。学习是一种思维活动，灵感往往源于对洞察力的认识和行进，良好的景观环境能激发思想、激励人的行动。

（2）休闲沟通功能。现代大学培养的是适应当代社会发展的人才，要适应社会的激烈竞争，除了掌握专业知识和技能，还要具有良好的社会技能和强健的体魄。一个良好的校园环境，应该能够提供良好的室外空间，供学校师生交流。

四、校园设计的人文精神

高校是一个特殊的单位，它具有悠久的历史文化背景、深厚的文化底蕴、高雅的文化氛围和丰富的人工环境，是人文教育的圣地，也因此对寄宿学生的思想有潜移默化的影响。将人文元素与校园绿化联系起来，确立一个独特、生动形象的校园主题，也是现在需要做的。

和谐、自然是现代环境追求的共同目标，也是大学校园环境应体现的特点，只有具有生态环境的特点，才能保证高校校园的可持续发展。创建一流大学，我们应该有一个美丽、自然的校园景观，并与自然环境相互协调。

艺术是大学校园建设的重要方面，景观应不断创新和发展，成为艺术突破的主要方向，没有相当的艺术水平，作品就很难引起教师和学生的关注。可以在设计中运用校园改造的框景、借景、对景、夹景、障景等景观艺术手法，体现中国特色，将体现中国精神的作品呈现在师生面前，如设计代表学校历史传统的雕塑作品，突出校园的特色，使整个校园景观得到升华。校园节点营造了校园生活的舞台，它可能是景观不断前进的视线交点，交通线路交叉点，也可能是一个转折点。节点景观的有效整合，可为文理科学生创造出更多的具有特色的交往空间和晨读空间，比如为美术类学生在校园自然景观带设置写生区等。

现代校园景观设计的核心是功能的增强和问题的解决，关注更多的是功能的具体形式，但无论是大规模的城市规划，还是小规模的校园景观设计，都需要面对现实的自然和社会问题，在艺术和科学中发挥创造性思维。和谐与诚信的艺术形式作为一种必须保持的多元化时代的设计原则，已成为衡量艺术与设计质量的标准。

五、现代校园建设的发展

虽然大学的研究与教育支持设施和景观环境有一个长期的规划，但新建、改建、改修一般不做考虑，这是无法进行规划的内容。大学在搬迁时，需要形成一套完整的教育设施，需要在某种秩序中构建整体教育设施，于是出现了建设新校园的项目。但也没有像美国那样从一个长期的角度来提高校园建设的质量，包括外部空间。当校园搬迁的时候，不仅要考虑当前景观，还要考虑发展景观，包括校园的总体规划和设计。现代大学的规划不是一个终极的、完整的状态，在校园规划设计中，应采用动态规划法，要考虑校园的可持续发展，并且要考虑到学校的现在和未来。

六、对我国大学校园景观设计的改进建议

大学的座右铭是一种对大学文化精神的提炼，呼吁弘扬民族文化和大学精神。一个合理的校园景观的设计，最能反映大学校园的特色，体现人文精神和深厚的文化底蕴。设计模式可以采用浮雕墙形式，或是结合周围环境景观设计文化石，在人流量大的区域设置主导的电子显示屏滚动的座右铭，让学生更直观地感受到丰富的校园文化。

大学校园里的人和车辆密集，所以要充分考虑人和车辆的通行。校园的交通空间应该是开放的而不是封闭的，交通空间应该有一个广阔的视野，以防止交通事故。此外，道路系统设计应简洁明快，同行道适当扩大，机动车辆停车位可以巧妙地结合天然绿色植物。良好的道路交通系统，可以确保校园的完整，以及校园之间的各种景观要素穿插，并且还能够满足交通和安全的需要。

校园环境绿化设计，往往将重点放在景观环境的营造上，忽略了树木林立的软景观规划设计。应加大校园面积的整体绿化，使立体绿化与平面绿化有机结合。校园环境应以自然为基础，注重植物的立体组合。绿化植物配置应适合本地区的生长，有利于身心健康，突出四个季节的变化，具有绿色植物的艺术美。通过合理的绿化配置，提高整体的校园环境质量。

校园景观小品应注重形象的生动性和多样化，注重校园文化的特色。要充分考虑到建设规模和人与人之间的关系。园林小品应符合人体功能的要求，不仅要具有现代校园特有的审美感受，还要具有多功能。在校园景观规划设计中，应强调学生的参与，鼓励学生提出校园规划和相应的整改意见，这有利于培养他们的主人翁意识和归属感。

坚持可持续发展战略，充分考虑大学环境的未来发展，创建"学校在公园，园区在学校"的绿色生态境界，促进学校环境的可持续发展。

校园景观工程设计与改造应本着"以人为本、可持续发展"的原则，努力建设一个适合教育、适合居住、通行方便的人文生态校园。校园景观设计应理性创新，注重功能、景观第一，注重细节，坚持审美观念，规划反映大学历史文化内涵的景观设计。大学校园总体设计风格应主要体现在精神特征上。校园景观建设中的各种形式，应根据学校自身的特点、优势创造出功能性强，生动、独特的校园景观。通过对整个校园景观轴线的整体规划，使各具特征的景观节点设计主题有显著区别，符合时代潮流。为了实现高校校园景观文化的持续性，应尊重地形和生态环境的校园景观文化，建设充分体现"绿色理念"的大学校园。每个大学校园都应该有自己的标志性建筑，作为学生的记忆引导线。校园景观生态学主要结合学校的地形，在设计理念上做好工作。

第五节　住宅区景观规划设计

一个良好的居住环境，可以提高整个住宅区的文化品位，使其具有个性，带来不可估量的价值，尤其在房地产领域，这是毫无疑问的。景观设计的最终目的是让繁忙的人在有限的时间和空间内接触自然，因为人离不开自然，亲近自然是人的本能。自然的设计要体现最好的水景和绿色景物的特点，而过于重视自然却没有文化内涵的园林，最终会显得肤浅，同样不会成功。赋予了文化色彩的景观、园林才有品位，才能真正鲜活起来。

一、规划设计理念与思路

现代住宅区景观设计的结果供小区所有居民休闲、欣赏、利用，在设计中要全方位考虑设计空间与自然空间的融合，不仅要关注平面组成和功能分区，还要讲究一个全方位的立体分层分布，利用桩土边坡、下沉式网球场、地板高度、建筑布置等手段进行空间转换。平面构成线条流畅，从容大度，空间分布错落有致，富有变化，景观和园林植物造成季节性变化，整体景观设计真正成为一个四维空间的作品，一年四季，无论平视还是鸟瞰都可以得到立体视觉效果。自然生态理念在设计中一直贯穿始终，体现了对自然的尊重，不仅改造了自然的现代设计理念，还体现了人与自然环境的紧密结合、相互融合，相得益彰。

园林中的住宅花园功能也是设计的一个重点，功能区的划分组织，在追求自己特点的基础上，应注重整体的风格，考虑周到，分配人性化，能够强烈吸引人们走出自己的家园，融入自然，进入绿色环境，享受更优质的生活。

1. 规划主题

强调以自然为主题的景观设计和景观生态的功能。

2. 设计原则

（1）人性化原则。房前屋后需要充满"绿色"和适当的空间。同时注意具有不同特征的休闲空间的开放性和半隐私性。充分考虑人的亲水性。

（2）生态原则。人们渴望"绿色"已经是不可逆转的发展趋势，设计师可以通过种植与城市隔离的绿色空间来屏蔽喧嚣，亲近自然，满足人在生态环境方面的视觉心理感受。

（3）文化特色原则。传统文化景观容易让观众产生认同感和观念上的归属感。

（4）简单就是美的原则。在苏州传统建筑与园林中，设计师利用现代设计方法和理念，通过最简单的元素的运用，既表达了传统的古典雅韵，又体现了现代主义的简洁，并且符合现代生活方式和审美情趣。

3. 规划原则

（1）场地原则。体现场地原创意义和特点。

（2）功能性原则。满足市民的休闲、娱乐、出行需求。

（3）生态学原则。强调社区在城市生态系统中的作用，强调人与自然的共生关系。

（4）经济原则。设计应充分利用场地条件，减少工作量。

二、规划布局与功能分区

1. 横向沿水景观带

自古以来，水对人就有一种固有且持久的吸引力，所以在设计时可充分根据居住区独特的地理优势，突破一贯使用的传统技术，利用水来营造整个居住区的贵族风格。例如，可以做这样的设计：从远处观看，楼盘在绿色环绕之中如一位在水一方亭亭玉立的伊人，带给观众无限的渴望和向往。设计使用具体的环境和不同材质及颜色的路面来划分空间，从而形成了各种活动的场地，并设置了五颜六色的灯光，为夜间的水面添加一道迷人的风景线。居民清早在健身小径中晨练，傍晚在艺术彩墙边徜徉，这种感觉让人挥之不去。滨水步道错落有致，不断变化着莫名的惊喜。每一个位置，每一个角度，看到的是不一样的，绝对没有重复，如上帝和人造景观在这个组合中产生新的感觉，创造出新的生活。同时，也被赋予了新的内涵。

2. 架空层

底层架空层部分的设计充分利用了底层面积，产生了交通、休息、娱乐的作用，在其中设置半开放半封闭的设施，在公园内部，有老年人的俱乐部，提供居民沟通和休息的场所，在景观设计上巧妙运用借景、框景、障景等造园手法，扩大户外空间，发挥出加深景色深度的作用。在植物的选择中还应考虑实际情况，多采用耐荫性、抗风性较强的散尾葵、鱼尾葵等，再搭配雕塑和场景的硬质景观共同创造温馨和谐、内容丰富的公共空间。

3. 灯型选择

夜间景观照明，浅的颜色具有柔和的景观特征，但要保证光线的散布并不是一件容易的事。因此，夜间景观规划和设计必须是"软""硬"兼备。在灯具的选择中应重点研究地区灯具造型与地域文化特色的结合，强调了艺术性、趣味性和参与性。如中国结的灯光雕塑，取自数学拓扑中的悖论原理，环是一个立体的空间，但它是由一个个面构成的。它象征着中华民族团结一心，也代表着中华民族的凝聚力。一个空间结构由300个间距的中国结不锈钢网组成，霓虹灯是分布式的网络结构。自动控制系统使灯光在一个面上流动，循环往复、首尾相接。文化性、趣味性及科普性均在此得到体现。

4. 道路系统

在现有的住宅建筑规划和平面分布中，充分研究人性化的设计理念，从多个方面对交通、消防进行慎重考虑，密切配合，明确沿主要道路和建筑，将每个分区顺利地紧密联系在一起，在人流密集处留有大面积的活动空间，反映了良好的疏通与引导手段。次要道路系统的形式并没有坚持单一的风格，而是设置了有趣的长椅、雕塑和小物件。所有道路两边都有一套合理的情调丰富的标志和路灯，在充分发挥其功能的同时凸显主题，为该地区争辉。

5. 绿化配置

植物配置要遵循适地适树原则，充分考虑建筑风格的相互符合，同时考虑到多样性和季节性，力求多层次多品种搭配，分别结合各自的不同特点。整体上疏密高低有别，力争在颜色变化和空间组织上取得良好的效果。

6. 植物的选择

绿化植物的选择和配置效果主要通过植物来实现，营造一个舒适优美的居住环境，植物的选择和配置尤为重要，在设计中主要应遵循以下几点：

（1）主要以绿化为主。居住区主要采用常绿和落叶乔木、速生树种和生长缓慢的树木、乔木和灌木相结合的方式，这样可使本居住区终年有绿化，会取得良好的景观效果。植物栽植要避免过于凌乱、集中、独特，在一致中改变，在丰富中统一。

（2）选择植物应注意当地的条件，以方便未来的管理。选择病虫害少和当地的树种，如国槐、银杏、垂柳等。草花选择宿根生及自播繁殖能力强的，如美人蕉、波斯菊、虞美人、葱兰等，价格也低。

7. 停车场

景观概念设计以现代设计为手段，将传统元素用最简约的线条勾勒出来，使景观在自然形态中最自然地呈现出来，从而满足现代人的"归属感"，满足人们对自然的向往和对水的亲和力，从而达到释放压力的效果。设计师力求最大限度地发挥景观的减压作用，充分考虑居住者顺应景观的内在心理世界的感受，并渴望与他们产生共鸣。

第三章　现代景观规划设计

第一节　现代景观规划设计和
传统风景园林设计的区别

　　现代园林发端于1925年的巴黎国际现代工艺美术展，20世纪30年代末，由罗斯（J. Rose）、凯利（D. Kiley）、爱克勃（C. Eckbo）等人发起的"哈佛革命"，给现代园林带来了一次强有力的推动，并使之朝着适合时代精神的方向发展。第二次世界大战后，大量的现代景观设计大师的理论探索和实践活动，使现代景观的内涵和外延得到了极大的深化和扩展，并日益多样化。现代园林建筑在生产和形成过程中，与古典园林建筑的最大区别是现代园林在创新的同时，也保持了古典园林的延续。此外，我们必须了解古典园林的优点和缺点，只有这样，才能明白现代园林设计应如何借鉴经验并开拓创新。

　　需说明的是，古典园林各时期风格是不尽一致的，这里主要以其全盛期的风格为主。

一、造园理念

中国古典园林美学，来源于道家学说，强调"师法自然"，讲求"虽由人作，宛自天开"。其组景和造景的手法之高超，在世界古典园林中已达登峰造极的地步。但由于受空间所限，喜好欣赏小景，偏爱把玩细部，往往使得有些园林空间局促拥塞，变化繁冗琐碎。

（1）日本园林更加抽象和写意。尤其是枯山水，更专注于永恒。仅以石块象征山峦与岛屿，而避免使用随时间推移产生枯荣与变化的植物和水体，以体现禅宗"向心而觉""梵我合一"的境界。其形态更为纯净，意境更加空灵，但往往居于一隅，空间局促，略显索漠冷落，寡无情趣。

（2）法国花园则可以由笛卡尔的理性主义哲学来代表，艺术高于自然，人工美高于自然美，讲究秩序和比例，多注意整体，而不是有趣的细节。但因为空间是开放的、全面的、艺术的，所以观念是不深刻的，同时，人工斧凿痕迹太重。

（3）英国自然风景式园林，造园指导思想来源于以培根和洛克为代表的"经验论"，认为美是一种感性经验。总的来说，它更加排斥人为之物，强调保持自然的形态，肯特甚至认为"自然讨厌直线"。园林空间也更加整体与大气。但由于它过于追求"天然般的景色"，往往源于自然却未必高于自然。又由于过于排斥人工痕迹，细部也较粗糙，园林空间略显空洞与单调。钱伯斯（W. Chambers）就曾批评它"与普通的旷野几无区别，完全粗俗地抄袭自然"。

上面的分析表明，中西古典园林都强调模仿的性质要高于自然，其本质是强调"自然"的艺术过程。区别在于艺术治疗的内容、技术和重点，也可以说是山水风格的差异。首先，从不同的自然观，即从自然观的园林美学说起。在抛弃古典园林的自然观时，现代园林有其自身的新发展。这种发展主要表现在两个方面：第一，从"仿生"的性质，到生态性质的发展。1969年，宾夕法尼亚大学景观学教授麦克哈格（Ian Mcharg）在他的经典著作《设计结合自然》中提出全面的生态规划思想：在现代景观设计中，应保护地表层，避免造成水土流失，在陡坡地区建设具有保护生态意义的湿地和水景；种植设计应根据当地社区情况多与本地物种搭配，其基本生态景观知识，已被设计师理解、掌握和使用。第二是对动态性的延伸，即现代景观设计，开始将景观作为系统的动态变化。设计的目的是建立一个自然的过程，而不是相同的风景。自觉接受相关自然因素的介入，试图改变自然的演变和发展过程，进入开放的景观体系。

二、功能定位

无论是东方古典园林还是西方古典园林，其基本功能均定位于观赏型，服务对象都是宫廷或贵族的少数人代表，因此，花园的功能都是围绕着他们的日常活动和心理需求的。事实上，它是一种与公众分离的功能，也反映了园林的局限性和单一性。随着现代生产力的快速发展，更加开放的生活方式，导致了各种生理和心理需求的发展。现代园林设计顺应了这一趋势，在保持园林设计观赏性的同时，从环境心理学、行为学和科学的角度，分析了各种行为现象的群众性及开放性，重新为现代园林设计定位。它通过定性研究人口分布特点确定行为环境的不同规模，并根据行为迹象得出顺畅的流线类型（如抄近路、左转弯、识途性等）；通过各种不同的行为趋向和状态模式，确定选择和本土知识性质不同的室外设施。为了科学合理地安排这一切，环境心理学提出了一系列的指标体系，以期为园林设计在不同情况下的功能分析提供依据。如图形系数模型、潜势模型、地域倾向面模型等。总之，现代园林的功能定位不再局限于古典园林的单一模式，而是要深化微观和宏观的多元化方向。

三、总体设计

不同的文化模式与不同的自然观，造成了中西园林在园林组景上的巨大差异。中国古典园林的组景方式，可归纳为立体交融式，即分区设景，园中有园，景中有景，步移景异。组景讲究起景、入胜、造极、余韵的序列，注重层次、抑扬、因借、虚实的安排。单是基本的组景手法，就达十余种之多，如借景、对景、漏景、障景、限景、夹景、分景、接景、返景、点景……不一而足。赏景以近距离的小景把玩为主，全景式的远观因借为辅。

（1）日本园林在其回游式园林中，基本上沿袭了中国的套路，但对细微处关注过多，整体则失之把握。日本学者高原荣重、小形研三在《园林建设》一书中说，日本园林"对组成外部空间秩序的表现，显得很生疏"。说明日本古典园林在整体组织上，并未达到炉火纯青的地步，具体组景手法也比中国园林欠缺得多。但日本枯山水的情况则不同，其中石景的组织尤为出色，在诸如《筑山庭造传》《筑山染指录》等日本造园典籍中，都有详尽的论述。

（2）法国古典园林集团的观点，基本上是平面设计，它采用的是轴线控制的方法，把整个园林作为一个整体来组成，一切都要服从于比例和秩序。由于其庞大的规模（如凡尔赛轴达3千米）创造了一系列辉煌，形成了广阔而深邃的景观，因此被称为"伟大风格"。与法国古典园林相比，中国古典园林景观的优势在于大场景。

山水景观中，中国古典园林也类似于"步移景异"，引导游客从诗歌中走过。一系列的图案组成不同的距离、不同的高度和不同的角度，整体的意境平静幽远，组成了一片自然的田园风光。

同属不规整的自然式园林，中式是强调写意自然，更富想象力，但不免流于矫揉造作。英国自然山水园林也是一种自然，但更开放，更生动，完全没有中国明清私人花园的那种封闭和无聊。自然场景必须有相当程度的抽象，才能体现出魅力的本质。然而，中国私家园林中的大量大树，大大削弱了抽象的写意。花园空间狭小局促，根本原因是对自然风光的抽象远不如日本。至于其他原因，下文将会提及。在全面吸收和借鉴古典园林经验的基础上，现代园林更为开放和自由。一般说来，现代园林强调的是整体的成分，但很少有轴线对称；有时也分区设景，但各景之间流动性更强，界限也更模糊；形态规则，但也不排除自然形态。总的来说，整个场景都有气势，场景变化也很简单。

四、造景元素

中西各古典园林在景观的塑造上，均表现出明显的地域模拟性，如中国的千山万水、英国的平冈浅阜等，现代园林一方面在很大程度上打破了地域的限制；另一方面充分运用了现代高新技术手段和全新的艺术处理手法，对传统要素的造景潜力，进行了更深层次的开发与挖掘。

（1）水景。水景是中国古典园林的主景之一，中国古典园林水景在高度提炼和概括自然水体的基础上，表现出极高的艺术技巧。水体的聚散、开合、收放、曲直极有章法，正所谓"收之成溪涧，放之为湖海"。这方面的经典实例也比比皆是。此外，水景还极其注重水体的配合组景，宋朝郭熙在《林泉高致》中就写道"山得水而活，水得山而媚"。总的来说，受道家"虚静为本"思想的影响，中国园林的理水，重在表现其静态美，动也是静中之动势。

日本园林的理水，则又向抽象化推进一步，仅以砂面耙成平行的水纹曲线象征波浪万重，又沿石根把砂面耙成环状的水形，象征水流湍急的态势，甚至利用不同石组的配列而构成"枯泷"，以象征无水之瀑布，是真正写意的无水之水。

法国古典园林理水的路数，则与此大相径庭，其主要表现为以跌瀑、喷泉为主的动态美。法国古典园林中的水剧场、水风琴、水晶栅栏、水晶溪、链式瀑布、各式喷泉等构思巧妙，充分展示出水所特有的灵性，而静水则正是少了这些灵气。但静态水体经过高超的艺术处理后，所呈现出来的深远意境，也是动态水体所难以企及的。

英国自然景观花园，仅对水的特点进行处理，虽受中国园林影响，却并没有超越前三者。其水与地形结合，也会形成坡的两侧引入水的秀丽风景，并经常为后代引用，这是一个独特的点。

现代园林中的水特征处理，更多地延续了古典园林在美国的动态表现和方式，充分利用现代科学技术，发挥其潜在的动态特性。在这方面，现代景观设计大师给了我们很多优秀的示范。如凯利设计的得克萨斯达拉斯喷泉花园，水面约占70%，树坛位于水池之中，跌瀑中又点缀着向上喷涌的泡泡泉，展现在人们面前的是这样一幅"城市山林"美景：林木葱郁、水声欢腾、跌泉倾泻。

像哈普林（L. Halprin）事务所设计的俄勒冈州波特兰市的伊拉·凯勒水景广场，跌水为折线型错落排列，水位下降并最终合并成一个壮观的瀑布倾泻而下，轰鸣声中，艺术地再现大自然的壮丽水景，被视为现代景观设计的经典。至于巨大的水墙、水位、不同形状的音乐喷泉等，在人们的视野里到处都是。

（2）栽植。中国古典园林中的栽植以观形为主，以取色、赏花、闻香、听音为辅。因此，园中林木虬曲突兀、盘结交错、连理交柯者比比皆是。同时也注重季相与花期的变化，花木的选择与使用有明显的拟人化倾向，即所谓"梅之独傲霜雪、竹之虚心有节、兰之幽谷清香……"之类。孤植以观形、观叶、赏花为主；群植讲究搭配造景。此外，在组景上注重通过疏密、高低的变化形成帷幕、屏风式的空间界面，使景观有似连又断的流动感，似遮又露的景深层次。总的来说，各类花木的运用，已形成了基本的定式，如"堤湾宜柳""桃李成蹊""栽梅绕屋""移竹当窗"等。林木在诸景中占最大的空间。

日本园林，尤其是枯山水，植物配置少而精，尤其讲究控制体量和姿态，远不像中国园林般枝叶蔓生。虽经修剪、扎结，仍力求保持自然，花卉极少而多种青苔或蕨类，枯山水不种高大树木。日本枯山水对植物的精心裁剪，说明日本园林比中国园林更加注重对林木尺度的抽象与造型的抽象，但在组景造景方面似少有超越中国园林之处。

法国古典园林的栽植在类型上，主要有丛林、树篱、花坛、草坪等。丛林是相对集中的整形树木种植区，树篱一般作为边界，花坛以色彩与图案取胜，草坪仅作铺地。丛林与花坛各自都有若干种固定的造型，尤其是花坛图案，如同锦绣般漂亮。总的来说，法国古典园林的栽植分门别类，相对集中，主次分明，形态规整，有"绿色雕刻"之称。园中植物虽多，但铺展感强，远不如中国园林那般拥塞，但也不太自然。

英国自然风景式园林的栽植，则以表现树丛与大面积的草地为主，其缓坡大草坪即便是现在也经常被引用。相比其他园林，它更加注重树丛的疏密、林相、林冠线（起伏感）、林缘线（自然伸展感）结合地形的处理，整体效果既伸展开朗，又富有自然情趣。

现代景观设计中的栽植设计，不仅植物的种类大大突破地域的限制，而且源于传统又高于传统。例如在巴黎谢尔石油公司总部的环境设计中，主体建筑东北侧的缓坡大草坪，不仅比传统风景式园林中的缓坡草地更富流动感，而且通过插入其间的硬质景观——片墙，强化软硬质感的对比，不愧为"流淌的绿色"。

此外，植坛的图案不拘一格，全然没有法国古典园林中的程式化倾向。典型的例子如SWA集团设计的美国凤凰城亚利桑那中心庭园。其中弯曲的小径、"飘动"的草坪与花卉组织而成的平面图案，就像孔雀开屏的羽毛，极具律动感与装饰性。还有更加令人吃惊的设计，如施瓦茨（M．Schwartz）设计的麻省剑桥拼合园，塑料黄杨从墙上水平悬出。如此奇构，充分展示出设计者大胆的想象力。

整体而言，现代景观中的栽植设计比古典园林更趋精致，仅就树种而言，对其冠幅、干高、裸干高、枝下高、干径、形态、花期、质感（叶面粗细）都有严格的要求，因为这直接影响景观效果。例如对裸干高的控制，能使视觉更具流通性，确保视平线不为蔓生的枝叶过多地遮挡。此外，栽植总体上趋向疏朗、节制，全然没有某些古典园林中那种枝叶蔓生、遮天蔽日的沉闷感。

（3）石景。中国古典园林中的用石讲究"瘦、透、皱、漏"。可为特置主景，亦可与水体、植物配合组景，以获得某种意境，同时也作障景、分景。造景中喜做险怪之奇构，层峦叠嶂、沟壑盘回，正所谓"峭壁贵于竖立；悬崖使其后坚，岩、峦、洞、穴之莫穷，涧、壑、坡、矶之俨是"。穿行其间，挑压勾搭变幻莫测，明暗开合、扑朔迷离。由于受士大夫猎奇和把玩心态的影响，往往造成石景的烦琐堆砌、比例失调。

石景是日本园林的主景之一，正所谓"无园不石"，尤其是在枯山水中取得了很高的成就。日本石景的选石，以浑厚、朴实、稳重者为贵，并不追求中国石景式的琐碎变化，但也十分讲究石形、纹理与色彩，尤其不作飞梁悬石、上阔下狭的奇构，而是山形稳重，底广顶削，深得自然之理。石景构图以"石组"为基本单位，石组又由若干单块石头配列而成。它们在平面位置的排列组合以及体形、大小、姿态等方面的构图呼应关系，都经过精心推敲。在长期的实践过程中，逐渐形成了许多经典的程式和实用套路。总的来说，其抽象内涵较中国园林更为深远、阔大。

法国古典园林的石景基本上没有自然形态，虽然雕像、台阶、柱廊、喷泉水盘都是大理石的，但其本身并不能成为独立的石景，因此，几乎让人感觉不到石景的存在。也有少量自然形态的岩洞，但都仅作为瀑布的背景。

英国自然风景式园林用石则更少。虽然一度引进中国式叠石假山、残垒断碣，但在其后不断走向纯净的进程中，也基本消失殆尽。第二次世界大战以后的现代景观设计中，出于经济上的考虑和受日本枯山水的影响，开始出现大量硬质景观，石景本身也伴随着一批具有世界影响力的日本现代景观设计大师，开始走上世界舞台，如野口勇、佐佐木等人的作品中就有大量石景。同时，一些杰出的西方景观设计大师也开始使用经过抽象后的规则石景，如前述伊拉·凯勒水景广场的瀑布，就是哈普林对美国西部悬崖与台地的大胆联想。另外，混凝土的大量使用也造就了一批杰出的景观设计作品，如哈普林的经典之作——爱悦广场中极具韵律感的折线型大台阶，就是对自然等高线的高度抽象与简化。而20世纪60年代以来的大地艺术作品中，大量使用石景的例子就更多了。如极简主义大师沃克（P. Walker）的著名作品泰纳喷泉，克里斯·鲍斯（C. Booth）设计的位于英国坎布里亚郡的巨型雕塑"突岩的庆典"等。

（4）建筑。在中国古典园林中，建筑是不可或缺的组成部分。园林中的建筑多轻便淡雅、朴素简约、随形就势、体量分散、通透开敞。尤其讲究框景、漏景等园景入室。另外，建筑本身也是点景之一，譬如山顶的一座小亭，本是一处赏景、稍歇的绝佳位置，但在低处仰视时，又可欣赏其凌空欲飞之势。总的来说，在中国古典园林中，建筑已经高度园林化，它其实已和其他景物水乳交融、浑然一体了。

法国古典园林则与此正好相反，它迫使园林服从建筑的构图原则，并将建筑的几何格律带入园林中，使其高度"建筑化"。建筑多位于主轴末端的高地上，相对集中，尺度、体量巨大。不仅统率着整个园林构图，还可作为园景的幕布和背景。

英国的自然风景式园林建筑为追求园景本身的自然纯净，往往将附属建筑搬到看不见的地方，或用树丛遮挡起来，甚至做成地下室。主体建筑四周的草坪与主体建筑之间往往也没有过渡环节，具体来说就是"去园林化"。

日本园林中的建筑不但数量少，体量、尺度也都较小，布局疏朗，往往偏于一隅。建筑物本身也多为简单的草庵式，并不讲求对称；门阙也是极普通的柴扉形式，真可谓洗尽铅华、恬淡自然，深得禅宗精髓。

在现代景观设计中，我们一般看不到正常意义上的建筑物，但能明显地感受到一种类似的建筑空间感的存在，这说明建筑空间的构成技巧，已被大量引入景观设计之中（与法国古典园林中的"建筑化"似有相通之处），典型的例子如唐纳德（C. Tunnard）设计的"本特利森林"住宅花园。住宅的餐室，透过玻璃拉门向外延伸，直到矩形的铺装露台，露台末端被一个木框架所限定，框住了远方的风景，旁边侧卧着亨利·摩尔（H. Moore）的抽象雕塑，面向无限的远方……

总的来说，现代景观设计中的建筑，已逐渐趋向抽象化、隐喻化。如在矶崎新的筑波科学城中心广场的设计中，下沉式露天剧场水墙旁的入口凉亭，只用几根柱子和片墙来限定空间，柱顶则为完全镂空的金属框架，言未尽而意已至。此外，建筑的片断如墙、柱、廊等还与石景、雕塑、地面铺装等一起构成现代景观设计中的硬质景观。

五、现代景观设计中的革命性创新

1925年在巴黎举办的"国际现代艺术展"在现代园林设计中写下了新的一页，现代园林设计在许多方面都取得了新的进展，在现代景观设计的演变中起着重要的作用。

1. 时代精神的演进

19世纪中叶，奥姆斯特德（F. L. Olmsted）作为美国"城市公园运动"的代表，虽然没有开创新风格的园林，但是他确实指定了一个明确的位置——现代景观设计（当然，技术进步也起到了促进作用）。将古典园林从贵族和宫廷的把控中解放出来，从而获得彻底的开放，为园林设计进一步发展铺平道路。从古典园林到现代开放的园林和大地艺术，现代园林的内涵和外延得到了极大的深化和扩展。如今，开放、大众化、公共性已成为现代园林设计的基本特征。站在时代的起点回头看，我们不难发现，中国古典园林的审美环境具有相当程度的排他性。为了满足文人阶层审美心理的需要，开发了一套情景处理技能。因为过多地集中于细微处，只适合少数人在近处欣赏。正是由于这种极其微妙的审美心理控制，在明清时期，一些私人花园开放给市民，导致游客拥挤，嘈杂混乱，古典园林的意境和美感，自然大大减弱了。这说明，在文人阶层中，开放、现代的优雅与现代景观设计的方向是不太相符的。相比之下，日本园林的现代化进程，取得了长足的进步，大量优秀的景观设计大师和大量的景观设计作品，在世界上均有一席之地。

也有人将中国园林表现出来的不适应归因于中国和西方文化特征的不同，中国的传统文化性格内向，外在表现更谦逊与宁静淡泊；而欧洲文化性格开朗、外向，外在表现则理性、率直而富于动感。对古典园林来说，西方的开放程度确实高于中国园林，比如凡尔赛宫可以容纳7 000人，因为花园不仅规模大、尺度大，道路、台阶、花坛、刺绣图案也是大的，所以雕像、喷泉很多，但不密集。这一点，西方古典园林突出表现的是其和谐的总体布局，而不是填充所有园艺元素。中国古典园林同样可以追溯到日本枯山水的起源、自然景观元素的裁剪，这是必要的抽象和写意，力求避免堆栈和微不足道的变化。所以，在这一点上，更重要的是，我们要有一个更加开放的心态。自从英国人在200多年前的中国花园里体验过后，就开始突破传统，并加以提炼。那么，为什么我们不能有一个更广泛的全球视野呢？而且，时代精神并不是所有的要求。如巴西园林大师马尔克斯（R. B. Marx），热衷于抓住现代生活节奏快的特点，在园林中考虑时间因素。比如从飞机上鸟瞰下面屋顶花园或从时速70千米的汽车上向路旁瞥睹绿地，观者自身在飞速中获取"动"的印象，自然与"闲庭信步"的人看到的不同。在这种情况下，现代人往往不知道归属感，缺乏一种"到位"的感觉。现代园林设计大师们对这一心理适应进行了延伸、分析，尝试运用隐喻和符号技术来完成深部开采的历史记忆与集体意识。典型的例子如野口勇的"加利福尼亚风景公园"，SWA集团的"威廉姆斯广场"等。叙事花园的出现表明，即使在现代，时代精神也在不断变化。此外，一些新的景观，如商业空间景观、夜间景观、滨江景观的出现表明，只有不断扩大和延伸，才能适应时代的不断发展。

2. 现代技术的促进

新技术不仅使我们更容易地再现自然美，还能创造出世界上的超自然奇观。它不仅大大改善了我们对景观设计方法和材料的使用，同时也带来了新的美学理念。但是，由于古典园林的技术限制，景观的表现具有一定的限度。一个典型的例子是凡尔赛的水景设计。虽然天文学家阿比·皮卡德（Abbe Picard）改进了传输装置，建造了一个储水系统和一个有14个轮子的巨大水泵，把水抽到运河的一座高162米的小山，创造出1 400个宏伟的凡尔赛喷泉水景，但凡尔赛的供水问题始终没有解决，喷泉远远不能全部开放。路易十四游园的时候，小童们跑在前面给喷泉放水，国王一过，就关上闸门，其水量之拮据，由此可见一斑。相比之下，现代喷泉水景不仅有效地解决了供水问题，还体现了高度的技术融合。它由分布式多层计算机监控系统进行远程控制。具有开关、伺服、变频控制等功能，还可以通过嵌入式微处理器或DMX控制器形成分层、扫描、旋转、渐变的几十个基本形变化，动水几乎发挥到了极致，从而造成了大量"动态景观"的出现。当然，现代高新技术对景观设计的影响远远超过了这些，它最重要的贡献是将大量的新型园林材料纳入园林和景观设计中，使其面貌焕然一新。例如在施瓦兹设计的拼接花园中，所有的植物都是假的，不仅可以观赏，还有可以用于坐着休息的"修剪篱笆"（实际上是由上覆的空间草皮制成的）。又如日本设计师Makato Sei Watanable在毗邻岐阜县的"村之平台"的景观规划中，设计了一个名为"风之吻"的景观作品，"风之吻"采用15根4米高的碳纤维钢棒，以期营造出一片在微风中波浪起伏的"草地"，或在风中沙沙作响的"树林"。太阳能电池和发光二极管被设置在碳棒的顶部，通常是固定的，在风中摇曳。在夜间，发光二极管使用白天储存的太阳能，开始发出光。这种技术与动态的性质不同，突出的是一个非机械的自然景观。

如果说"风之吻"的技术性能是比较含蓄的，那么可以认为巴尔斯顿（M. Balston）"反光庭园"反射技术性能的设计是简单的。在园林设计中，不锈钢管和高强度钢丝绳结合成一张精美的合成帆布或一把漏斗形的遮阳伞，周围环绕着郁郁葱葱的植被，简单的流线型不锈钢构件表面光滑有光泽，形成对比，充分体现了技术精湛的装饰效果。这个花园荣获1999年伦敦切尔西花展（Chelsea Flower Show）"最佳庭园"奖，表明了公众对高技术景观的鼓励和认可。

从更广泛的意义上讲，可以将现代园林的基本材料作为硬、软景观的基本区别之一。事实上，这两者自古以来就存在了。在传统园林中，石景和柱廊可以作为硬质景观，各种草坪和植物为软质景观。然而，在现代园林设计中，其内涵和外延都得到了极大的拓展和深化。混凝土、玻璃、不锈钢等景观元素的使用相对突出。混凝土不仅可以替代传统的硬质景观，还具有较高的可塑性；玻璃的反射、折射和透射特性的创造性表达，让人们在现实与幻想之间徘徊。这样一个简单、美观的造型，让人们欣赏到传统园林不曾有过的美。软质景观中大量的热塑性塑料、合成纤维、橡胶、涤纶织物，为花园外观增辉添彩，甚至在传统景观中发生了根本性的变化。而现代无土栽培技术促进了移动景观的出现，也意味着外延的扩展，导致景观意识的根本变化。现代照明技术的迅速发展，导致了一种新型景观——夜间景观的出现。不同颜色的光源，灯是不同的，人们的视觉和心理感觉的界限，已经变得越来越模糊。

我们都知道，古典与现代的景观，其设计灵感均来源于自然，而自然景观是随着季节不断变化的。古典园林只能"顺其自然"。

现代景观设计可以用大量的技术手段来"冻结"景观，使"好景常在"。如大量的塑料纤维已用于现代园林设计，作为一种低养护的"定型"植物，既不受害虫损害，又便于修复。在这方面，现代技术似乎更进一步。为了使这一瞬间的自然美保存下来，现代景观设计师们用树脂与石英粘合在一起，压制成几可乱真的造型软沙洲，即"瞬间"的自然美的凝结，其潜力不可估量！

生态技术在景观设计中的应用有更重要的意义，它不在于技术本身，而在于一系列的生态理念，如"系统观"（生态系统），"平衡观"（生态平衡）等。现代园林设计师的引入使景观设计不再作为一种孤立的景观过程，而是整体生态环境的一部分，考虑到其对周边生态影响的范围和程度，以及对动物、植物等生态相关性的影响，其已成为现代园林设计师所关注的话题。例如在上海浦东中心公园国际规划咨询中的英国方案（由Land Use Consultants公司提出），就考虑到生态效应。地形设计结合风向、气候、植被，刻意营造凉爽的夏季和温暖的冬季气候，也打开了一扇特殊的大门，使游客可以进入生态岛及鸟类保护区。这说明生态共生的概念从古典园林中的"狭义自然"，已经延伸到现代园林的"广义自然"，即"生态自然"。

3. 现代艺术思潮的影响

传统留给我们很多宝贵的艺术财富，现代科技也为我们提供了一些新的艺术材料。如何运用它们，使其与时代精神相一致，更具有现实意义，是山水"艺术逻辑"必须解决的问题。古典逻辑创造了意大利露台花园、法国园林、英国自然景观园林。现代逻辑如果没有根本的创新，就不可能产生新的园林诠释。现代绘画与雕塑是现代艺术的先驱，山水画艺术也得益于无穷的灵感源泉。从20世纪现代艺术革命开始，就从根本上打破了古典艺术的传统，从后印象派大师塞尚、凡·高开始，一系列新的艺术形式的诞生（架上艺术），完成了古典现实主义到现代抽象主义的转变。第二次世界大战后，现代艺术将艺术方向从框架中展开。如今，其对外扩张仍在进行中。

19世纪末，高更和凡·高的现实主义色彩的解放，使绘画脱离写实。进入20世纪后，野兽派对颜色的运用更为开放，同时，立体派解放了形式。从塞尚到毕加索、蒙德里安的冷抽象，从高更到马蒂斯再到康定斯基的热抽象，抽象已经成为现代艺术的基本特征。同时，从表现主义到达达派，再到超现实主义，20世纪前半叶的艺术基本上可以归结为抽象艺术与超现实主义两大趋势。早期的一批现代景观设计大师，如盖夫雷金（G. Gueverekian）在1925年的巴黎"国际现代工艺美术展"上设计的"光与水的庭园"，就打破了以往的规则式传统，完全采用三角形母题来进行构图。比较一下稍早一点的毕加索的立体派作品如《伏拉像》《诗人》《工厂》等，即可看出立体主义的"形式解放"对它的影响。

另一个例子是马奎斯设计的一组以巴西教育部大楼屋顶花园为代表的抽象花园，以绿色植物的色调作为基础，鲜艳的曲线花床在此期间自由伸展流动，镶嵌地板的路径在此期间蜿蜒通过。通过对比、重复等手段实现协调。色彩本身的整体效果是一幅康定斯基的抽象画，而其流动、有机、自由的形式语言，显然来自米罗和阿普的超现实主义。虽然20世纪下半叶出现了更多、更新的艺术流派，但早期的抽象艺术和超现实主义仍然是深远的。如罗代尔（H. Rodel）设计的苏黎世瑞士银行，广场表面铺设台阶和草地、种植坛，蒙德里安的抽象构成结构清晰，形状简单。初期大多只是引用一些超现实主义的形式语言，如锯齿线、钢琴线、肾形、阿米巴曲线，突破了传统，著名的例子有教堂

1948和唐纳花园（Donnel Garden）。20世纪后半叶，随着技术的不断发展和提高，以及新的艺术理论的出现，一批真正的超现实主义景观作品不断涌现。如克里斯托（Christal）与珍妮－克劳德（Jeanne-Claude）设计的瑞士比耶勒尔基地（Foundation Beyeler）的景观作品；1996年法国沙托·肖蒙—苏—卢瓦尔国际庭园节上的"帐篷庭园"等。

以上只是通过使用技术手段来表达超现实景观的例子，下面让我们看看如何利用新的艺术。哈格里夫斯（G. Hargreaves）设计的丹佛市万圣节广场，律动不安的地面，大面积倾斜的反射镜面，随机而不规则的斜墙，尺度悬殊的空间对比，一切都似乎缺乏参照，颇具迷惘、恍惚的幻觉效果。其实这里面蕴含着解构主义的"生疏化"处理，即通过"分延"（意义的不定）、"播撒"（本文的裂缝）、"踪迹"（始源的迷失）、"潜补"（根本的空缺）等手法来获得高度的视觉刺激、怪诞的意象表征，超现实的意味也因此而凸显出来。类似的例子，还有施瓦茨的亚特兰大瑞欧购物中心庭园、屈米（B. Tschumi）的拉·维莱特公园等。

20世纪六七十年代以来的后现代主义，是一个包含极广的艺术范畴，其中对景观设计较具影响的，有历史主义和文脉主义等叙事性艺术思潮（Narrative Art）。与20世纪前半叶关心满足功能与形式语言相比，前者更加注重对意义的追问或场所精神的追寻。它们或通过直接引用符号化了的"只言片语"的传统语汇，或以隐喻与象征的手法，将意义隐含于设计文本之中，使景观作品带有文化或地方印迹，具有表述性而易于理解。如摩尔的新奥尔良市意大利广场、矶崎新的筑波科学城中心广场、斯卡帕（C. Searpa）的意大利威尼斯圣维托·达梯伏莱镇的布里昂墓园设计，野口勇的加州情景园等景观作品。其中哈格（R. Haag）设计的西雅图煤气厂公园充分反映出对场地现状与历史的深刻理解，以锈迹斑斑、杂乱无章的废旧机器设备，拼装出一派"反如画般景色"的景象。它除了受到文脉主义的影响外，还受到以装置艺术（Installation Art）为代表的集合艺术（Agssemblage）、废物雕塑（Junk Sculpture）、摭拾物艺术（Found Object）的显著影响。

相对而言，豪利斯（D. Hollis）对场所精神的阐释，似乎更能为我们所理解和接受，在1983年为西雅图国家海洋与大气治理局设计的声园中，他设计了一系列顶端装有活动金属风向板的钢支架，风向板随风排列成一致的方向，将与其平衡的直管迎向风面，管内的发音簧片随着风的强弱会发出不同的声音。声园从视觉与听觉方面同时表达了场所中风的存在与力量。

20世纪六七十年代以来的景观设计，也并非完全受后现代艺术思潮的影响，许多现代景观作品中也能看到极简主义（Minimalism）、波普艺术（Pop）等五六十年代艺术流派的影响。极简主义的绘画，排除具象的图像与虚幻的画面空间，而偏向纯粹、单一的艺术要素。其宗旨在于简化绘画与雕塑抵达其本质层面，直至几何抽象的骨架般本质。20世纪70年代以来，以沃克、施瓦茨等为代表的景观设计师，都或多或少地受到极简主义的影响。如沃克1979年设计的哈佛大学泰纳喷泉，施瓦茨1998年设计的明尼阿波利斯市联邦法院大楼前广场等，都是具有代表性的极简主义景观作品。从荣获2000年伦敦切尔西花展"最佳庭园"奖的"活雕塑"庭园不难看出极简主义景观作品的一般特点：形式纯净、质感纯正，变化节制、对比强烈、序列清楚、整体感强。

与极简主义的要素倾向纯粹单一相比，波普艺术的要素则倾向多元混杂的通俗化与符号化。舒沃兹在其尼可庭园（Neeco Garden）中采用了糖果与漆彩的旧轮胎，斯岱拉庭园（Stella Garden）中采用了艳丽的树脂玻璃碎片与废罐头盒等作为造园素材，都反映出波普艺术在创作上，倾向于日常用品等消费性题材。

与其他艺术思潮不同的是，20世纪60年代末以来的大地艺术（Land Art），是对景观设计领域一次真正的全新开拓。大地艺术带给我们许多传统中被长期忽视甚至缺失的新东西：地形设计的艺术化处理如哈格里夫斯设计的辛辛那提大学设计与艺术中心一系列仿佛蜿蜒流动着的草地土丘，野口勇的巴黎联合国教科文组织总部庭园的地形处理等；超大尺度的景观设计，如史密逊（R. Smithson）的"螺旋形防波堤"、克里斯托的"流动的围篱""峡谷幕瀑""环绕群岛"等；雕塑的主题化设计如建筑师阿瑞欧拉（A. Arriola）、费欧尔（C. Fiol）与艺术家派帕（D. Pepper）设计的西班牙巴塞罗那北站公园中的大型雕塑"落下的天空"，艺术家克里斯·鲍斯的巨型雕塑"突岩的庆典"等。

大地艺术也引入了新的造景元素，如闪电、潮汐、风化、侵蚀等自然元素，使景观表现出非持久和转瞬即逝的特点。如荷兰West8设计的鹿特丹围堰旁的贝壳景观工程等。

大地艺术之所以能取得如此多的突破，关键在于它既延续了极简艺术抽象简单的造型形式，又融合了观念艺术（Conceptual Art）、过程艺术（Process Art）等的思想。以艺术家德·玛利亚（Walter de Maria）的大地艺术作品"闪电的原野"为例，其全部设计均是在新墨西哥州一个荒无人烟而多雷电的山谷中进行的，用67 m×67 m的方格网，在地面上插了400根不锈钢针，这显然是极简派的手法。晴天时，那些不锈钢针在太阳底下熠熠发光；暴风雨来临时，每根钢针就是一根避雷针，形成奇异的光、声、电效果。随着时间和天气的变换，呈现出不同的景观效果，这正是过程艺术的特征。观念艺术强调艺术家的思想比他所运作的物质材料更重要，提倡艺术对象的非物质化。正同此理，"闪电的原野"所强调的并非是构成景观的物质实体——不锈钢针，而是自然现象中令人敬畏和震撼的力量。

现代的景观设计很受单一艺术思潮的影响。这是因为各种艺术的交叉影响，使其呈现出多元化的出口利益情结。要明确分类和归纳，几乎是不可能的。而山水艺术的表现有一个基本的共同前提，即时代精神和人的精神的不同需要。一大批艺术学校为我们提供了丰富的艺术表现手段，但也正是时代发展的产物。在景观设计领域，没有对早期设计领域的积极性，如建筑设计也没有经过对企业的热情抛弃，却始终是一个温暖的参照。较新的技术则让我们对山水艺术的深度表现更彻底且不受局限。

第二节　现代城市色彩规划设计

城市色彩规划设计是近年来中国许多城市关注的话题，特别是在历史文化名城。20世纪80年代以来，在超高速发展和扩张的过程中，中国的城市由于规划失控和审美文化的普遍缺失，城市色彩的缺乏，使某种"显富、摆阔、攀比、争强"的"暴发户"文化或美学趣味在大中城市中蔓延开来，从南到北、从东到西，彼此模仿，争赶时髦，各种新材料、新涂料争奇斗艳，许多城市成了五颜六色的"大花脸"，失去了鲜明的城市特色，切断了历史语境，同时也造成了严重的污染，对城市居民的身心健康产生不良影响。正是在这样的背景下，城市色彩问题开始吸引众多城市决策者的关注。本节拟结合实地观察，从美学的角度，对城市色彩规划的意义和应用进行一些初步的探讨，来作为一种补救措施。

城市是人的一种生活场所，所谓的城市色彩，是指城市公共空间中所有暴露出来的对象色彩的总和。城市色彩包括自然色彩和人工色彩（或文化色彩）。城市中裸露的土地（包括土路）、岩石、草地、树木、河流、大海和天空等，产生的是自然的色彩。城市的所有建筑、广场、交通工具、街道设施、行人、服装等，都是人工制品。在城市的人工色彩构成中，也可以根据物体的性质，分为固定的色彩和移动的色彩，永久的色彩和暂时的色彩。各种城市永久性的公共民用建筑、桥梁、街道、广场、城市雕塑等，构成固定的永久性色彩；而城市中的车辆、交通工具、行人服装等构成移动的色彩；城市广告、招牌、标志、亭、路灯、霓虹灯、窗户家具等构成暂时的色彩。根据材料的表面纹理、光线和色彩环境的影响和变化，城市色彩可以分为单一色彩和视觉色彩。

城市色彩是一种系统，要完成城市色彩规划设计，首先要处理所有的城市色彩元素，统一规划，确定主要的色彩系统和辅助系统；其次要确定各种建筑和其他对象的永久性色彩；最后要确定城市的广告和公共交通工具等，包括街道和窗口装饰等。但根据我国城市规划的现状，本文对城市建筑的固定色彩进行了研究，同时也对固定色彩与自然色彩的协调进行了研究。

一、城市色彩规划设计的意义

1. 城市色彩是城市人居环境质量的重要组成部分

马克思认为，色彩是最流行的形式美，因此，色彩是城市美的重要组成部分，也是影响城市居民生活质量的重要因素。心理专家早已意识到色彩对人类心理健康的影响，城市色彩对居民心理的影响也受到了不少新的实证研究。几年前，日本东京出现了一个公共的"色彩骚动"，不少市民面对艳丽的、高彩度的公交车、出租车，以及色彩迷幻闪烁的霓虹灯、五颜六色的广告牌和刺眼的玻璃幕墙，感到头晕目眩、心绪烦躁。对此，市民提出了严厉的批评，迫使东京市政当局纠正颜色偏差，消除公众激动不安的情绪。英国也有一件有趣的事情：每年都有人在同一座黑色大桥上自杀，后来，大桥漆成蓝色，自杀人数明显减少，最后把桥漆成粉红色，自杀现象就不复存在了。因此，城市色彩对人的心理影响是明显的。

西哲海德格尔有句名言：人诗意地栖息在大地上。今天，在德国、奥地利、法国、荷兰等国，这句话一直是现实的一部分。它们的国家是这样的，它们的城市也是如此。虽然它们中的大多数国家都经历了几百年，其普通的建筑并不高于我们，但城市仍然给人优雅、温暖、舒适，充满了文化内涵的感觉。简单和谐的色彩，给人以愉悦的感觉，这本身就构成了他们优雅文明生活的一部分。因此，我们必须像重视噪声和空气污染问题一样，高度重视城市色彩问题，以不断美化和优化城市生活环境。

2. 城市色彩是城市历史文化的重要载体

城市色彩本身就是城市的历史。有些色彩反映了城市的政治、经济、文化。作为皇城的北京，金色的屋顶是中国封建社会皇权至上的写照；上海外滩凝重的色彩透示出国际金融资本的尊严。一些城市建设色彩的选择，如江南城市的灰色瓷砖和白色墙壁，德国城市的黄色墙壁和红色瓷砖都是传统的色彩。白墙、灰瓦、黄墙、红瓦，这些都符合审美规律，不同民族审美的情趣也是形成不同文化传统的载体。像欧洲的城市，如果只看它们的教堂，似乎有很多共同点，但如果看住宅区，无论是威尼斯还是阿姆斯特丹，即使外墙涂料是新的，也都能显示出它们各自不同的历史。因此，如果一个城市破坏传统的色彩，就等于切断历史。这是中国许多历史文化名城的悲哀：从表面上看，人们无论如何也得不出北京与巴黎一样历史悠久的结论；车行在苏州大街上，人们绝对感受不到江南名城或中国水城的特色。因此，对历史文化名城，要保护其作为文化遗产的城市特色，以延续其历史文脉。

3. 城市色彩是现代城市文明的体现

城市色彩已经存在，但城市色彩设计规划是一个现代的话题，其关键点在于，传统的城市是在文化封闭、生产力相对落后的情况下发展的，城市建筑的色彩由建筑材料决定，建筑技术是有限的，人们不可能单独使用某种昂贵的材料。此外，居住在此地的人不知道其他民族或地区的建筑物有不同的颜色。在这种被动的选择中，虽然审美规则可能会起到一定的作用，但它并不一定反映人类文明的意识。与现代城市建设不同的是，由于新材料、新技术的普及，人们可以随心所欲地控制建筑和其他基础设施、设备色彩，由于现代传媒和便利的交通打破了文化隔阂，人们可以互相学习，甚至形成所谓的时尚潮流。

正是在这样的背景下，人们获得了自由的色彩，如何控制城市的色彩，赶上时尚，成为一个文明的品质问题。今天，要把一个城市或地区披上各种豪华外套并不难，只要有资金就行，但要让新的城市形成一个和谐、优雅的色彩，是不容易的，它需要城市领导、建筑师和业主都具有一定的文化素养。这就好比改革开放，我们告别了蓝色和灰色的时代服装，暴发户太太满身绸缎、珠光宝气，总是给人一种没有文化的感觉；女大学生虽然素雅，却透露出一种书卷气。一位著名画家从美国回来，感叹大上海变土了。许多人不明白，事实上，作为城市人认为农村人穿红色外套和绿色裤子是"土"，但是我们描绘的五颜六色的城市，又何尝不是一种"土"？正如一位美国建筑师说的，"让我看看你的城市，我可以告诉你，这座城市的居民是什么文化"。一个城市的色彩，确实可以反映城市的精神和现代文明水平。

4. 城市色彩是校正城市秩序的重要手段

实事求是地说，目前，中国的城市建设最严重的问题不在城市色彩。城市色彩问题主要不在色彩本身，关键是城市建设规划。由于对新的施工量缺乏严格的高度、风格、材料和环境协调，许多体积大的高楼拔地而起，伪古典风格与现代和后现代风格的建筑并排而立，这给城市造成了致命的、无法弥补的损害。例如，从北京西站走到长安街，扑面而来的巨大建筑承载着各种各样奇怪的颜色并排站着，压迫人民的视野，甚至让人产生一种恐惧感。这是因为施工方案的控制和后遗症，这个问题显然不是由城市色彩设计可以解决的。单从一个角度来看，因为今天我们要设计体积、高度、风格统一的现有建筑，所以我们能做的就是色彩规划，使一些杂乱的建筑在尽可能的情况下，在色彩方面获得一种统一。心理测试中，形成视觉的两个主要成分是"形状"和"颜色"，人类对颜色的敏感度是80%，对形状的敏感度为20%，颜色是影响感官的第一要素。因此，要从城市色彩的角度寻找问题，采取必要措施，改变城市色彩，修复城市规划。

二、城市色彩的规划原则

提到城市色彩，很多人会认为，色彩就是多彩，就是红黄蓝绿紫，城市的色彩就是使用各种"最美丽的"色彩装饰建筑。其实，色彩本身并没有美与丑的区别，所谓的色彩美，在于色彩与色彩、色彩与环境的搭配。人们认为，最美丽的色彩，如果用在不恰当的地方，或比例不协调，它就可能是最丑陋的色彩。例如，绿色作为植物生命的体现，在城市中，它始终是最美丽的色彩，无论怎样混乱的建筑色彩，只要有绿色植被覆盖，就会化腐朽为神奇。但如果整个城市都是绿色的，它就会让人产生悲观、可怕的联想，这是色彩心理学的法则使然。例如，大红大绿的搭配很俗气，但"万绿丛中一点红"则是一幅美丽的图画。例如，"五色令人目盲"，色彩杂乱容易产生视觉污染，但如果色彩过于单调沉闷，也会让人产生视觉疲劳。因此，绘画的色彩不使用固定模式，城市色彩也是没有严格规定的。

1. 突出城市的自然美、人性美的原则

人类的色彩美学来源于"自然向人生成"的历史过程。对于人类来说，原始的自然色彩总是容易接受，甚至是最美丽的，因此，城市的色彩永远不能与美丽的自然竞争，还要尽可能保护自然的色彩，特别是树木、草地、河流、大海的色彩。青岛滨海路步行道用棕色木建筑，体现了对自然的尊重，是海边风景成功的案例；青岛路与香港东路人行道保留了许多天然的岩石，在城市中形成了一道独特的风景；青岛老城区所有通往大海的道路都是开放的，但是，在东新地区，很多通海道路堵塞城市，这是令人遗憾的。

西方哲学家说，最美的猴子对人类来说也是丑的，人总是以人为第一审美对象。因此，在城市色彩设计中，要尽量使大面积的色彩不张扬、不艳丽，突出人的美丽。巴黎的街道上最美丽的风景是一个时尚的女孩和巴黎的地面、优雅的灰色和米黄色墙壁，这将凸显出色彩美丽的流动的人。而我们的城市商业街，往往从脚底到头顶，色彩的蓬勃发展无处不在：脚下是华丽的红色瓷砖，头上飞舞着鲜艳的旗帜；商店外墙是一个商业海报；人行道旁还站着广告灯箱。走在这样的环境中，人本身的美被完全掩盖了。

2. 延续城市历史文脉的原则

城市色彩一旦形成了历史积淀，就成为城市文化的载体，不断地诉说着城市的历史文化意义。因此，为了维护历史文化名

城、古城，应尽量保持其传统的色彩，以显示其历史和文化的真实性。如果城市原有的风貌遭到破坏，那么至少要在历史建筑、文物建筑周边，将其色调与古建筑的色调保持统一。第二次世界大战中的法兰克福城遭到严重破坏，现存某些古建筑周边便注意这种协调，譬如用米黄色做外墙涂料，形成一个色彩小环境。人们对北京皇城根地区旧城的保护已经开始注意到这一点，这是值得高兴的。否则，皇城被淹没在一个金碧辉煌的玻璃幕墙建筑群中，北京的历史传统就彻底毁了。

3. 服从城市功能的原则

如果人们的服装要服从人的身份，城市的色彩就要服从城市的功能。这包括两层含义：一是指城市的整体功能，二是指城市的划分功能。一个商业城市和一个文化或旅游城市，它们的色彩应该是不同的，大城市和小城市，它们的色彩也应该是不同的。对于像香港这样的商业大都市，城市色彩是有商业用途的，即使色彩有点混乱，人们也能忍受。但对于像维也纳和巴黎这样的文化城市，如果城市的色彩混乱，将对城市的形象有很大伤害。米兰作为意大利最早的金融中心，老城区的色调很有尊严，而威尼斯作为旅游城市，城市色彩明快而多变，两者都是不可替代的。相对而言，一些欧洲的旅游城市，建筑色彩更为华丽，给游客留下了生动的印象；欧洲的大城市建筑色彩更优雅，追求一种平静的感觉，避免热的色彩和"噪声"的形成。

从城市分区来讲，城市行政中心（或广场）的色彩一般应该庄重一些；商业区的色彩可以活跃；住宅区的色彩可以多一些优雅；旅游区的色彩强调和谐和喜悦的视觉感受。这些原则是城市色彩规划的一般原则，例如用适当的色彩手段将住宅区和商业区区分开：住宅区不设广告，是实现城市色彩功能的重要手段。同样，城市单体建筑的色彩池应服从其功能。像立交桥等大型基础设施的混凝土不仅具有力量感，还接近自然的色彩，没有必要绘上弄巧成拙的画。作为一个高层写字楼的办公室，不宜使用轻薄的色彩，而像摊位的街道和临时公共设施，可以使用相对明亮的色彩。只要我们能按建筑的色调、亮度、饱和度、颜色分区控制标准严格执行，就可以逐步解决城市色彩的问题。

4. 城市色彩构成和谐的原则

和谐是色彩运用的核心理念，也是城市色彩的核心原则。这里的色彩包括城市所有色彩的元素：自然的、人造的，固定的、移动的，永久的、临时的等。和谐在这里指城市色彩的变化要实现统一或协调。如果没有色彩的变化，就没有和谐；但是变化太大，也没有和谐。城市色彩协调包括两个方面：一个是人为的色彩与自然的色彩或城市的自然环境的色彩之间的协调，另一个是人为的色彩与人工色彩或城市建筑环境的色彩之间的协调。

城市色彩应与自然环境相协调，是指由绿色森林或蓝色海洋所环绕的城市，色彩应与内陆城市不同。欧洲的旅游城市像因斯布鲁克、萨尔茨堡的建筑色彩鲜艳，原因在于：在镇外面的往往是大片绿色森林或铺满白雪的冬天，这样的城市街景，使用温暖的红色，比较容易找到平衡。而在海洋城，如果色彩太淡，城市会失去活力，所以威尼斯虽然是温暖的红色色调，但不会给人色彩杂乱的感觉，而且充满活力。我们应该尝试使自然色彩成为一个城市的背景。色彩文化服从自然的色彩，这是城市色彩和谐的捷径。青岛老城的色彩是一个典型。所谓"红瓦绿树碧海蓝天"，其中只有"红瓦"是人工色，其余的都是自然色。这些自然的色彩不是青岛独有的，而是沿海城市的共同财富。青岛老城区利用青岛的自然色彩，实现了人工色彩与自然色彩的和谐统一。

若大城市或城市地区的自然色彩缺乏或流失，如果没有具体的传统色彩，城市的主要色彩就应该是中立的。正常情况下，大面积的建筑立面的色彩应靠近主色调，使色彩的空间、建筑的细节（窗门、标志等）做出改变。特别是体积庞大、结构复杂的建筑，应用相同的色彩，解决城市整体色彩构成的问题；体积小但结构相似的建筑群（如公寓楼），应通过对阳台、门和窗的色彩变化进行设计，使整个建筑群都有视觉运动感和韵律感。在城市的新建筑中，必须照顾周围建筑已经形成的色彩环境，如果原有建筑的色彩不协调，可以使用中和色彩，或形成过渡色的建筑色彩，而绝不能标新立异，别出心裁。硬化的地面必须接近自然的色彩，接近石材与砖的色彩，避免大面积使用彩色瓷砖使城市色彩结构失衡，损害色彩的和谐和一致。

三、当前城市色彩实施中应反对的倾向

基于上述原则，实施城市色彩，必须反对和制止以下三种倾向：

1. 城市色彩的商业化倾向

目前，城市色彩混乱的一个主要原因是城市色彩的商业化。大面积明亮的色彩充满了灯箱、横幅和广告，没有规则地集中到城市建筑的屋顶、门面或街道广场，甚至一些标志建筑也提出了一套彩色广告，切割城市色彩，造成奇怪的色彩混乱。尤其是简单的广告灯箱、商店的形状、颜色怪怪的突起，破坏了原有建筑的色彩，使色彩的视觉污染严重，使行人产生浮躁的感觉。因此，应逐步限制广告灯箱的色彩，商店门头应提倡以艺术招牌为主，取代灯箱招牌。

2. 城市色彩话语霸权的倾向

由于色彩本身是一种语言，可以传递一些信息，许多新的建筑都在争夺色彩的话语霸权。一些强大的单位或企业纷纷在所

属建筑色彩上大做文章。他们不考虑城市色彩的协调，而是从显势露贵心理出发，选择最时尚的装修材料，或用明亮的色彩来装饰建筑物的外观。因此，一些金黄色的玻璃幕墙建筑将自豪地站在灰色色调的建筑前；一些绿色琉璃瓦装饰的建筑物也矗立在顶部的银塔上。越来越多的房地产企业，为了显示自己的风格，建造高层公寓楼，并将其涂成红色、绿色、黄色、紫色等，争相斗艳，矗立在城市的中心。由于大面积的建筑本身会产生特别严重的污染以及不良后果，因此必须尽快立法干预。

3. 城市色彩追逐时尚的倾向

由于缺乏专门的研究、宣传和城市色彩的规划，笔者认为，赶时髦是城市色彩混乱的主要原因。在大多数情况下，建筑师和业主只是为了追逐时尚或模仿，把城市的色彩弄得一团糟。新并不等于美，经济实力不等于文化发展。建筑具有时代性的特点，但一味追随时尚潮流，是违反建筑的审美文化性的。不幸的是，在很长一段时间里，我们都不明白这一点。改革开放后，人们首先去到的地区和国家是中国香港、日本和美国，这些国家和地区高度商业化的城市建筑色彩已被视为一个模型，开始被到处模仿，我们的城市色彩也进入了一个误区，并通过国内城市相互模仿学习，形成了各种各样的时尚趋势。

地面的色彩是一个典型的混沌传播的例子。它似乎是从日本引进的，之后从大连开始在中国传播。笔者两次到欧洲，都没有找到用彩色地板砖铺的城市人行道或广场。彩色人行道不仅破坏了城市色彩的和谐，而且清洗麻烦。玻璃幕墙是另一个例子，玻璃幕墙可能会导致光污染，这已经是一个共识，但它所造成的色彩污染更加严重。由于材料本身的色调差，很难与传统建筑色彩相协调，因此，在巴黎的老城区，我们看不到一个玻璃幕墙，这是维护其城市色彩的客观基础。无论是北京还是上海的传统商业街，色彩之所以"没救"，玻璃幕墙都是致命的因素。

白色瓷砖是中国特色的建筑材料，它作为南方暴发户的代表，很快成为风靡全国的时尚，确实是中国建筑史上的悲哀。它并没有其他功能，所有的白瓷砖，只给人一种贫血的感觉。问题的关键不在白色本身，而在于高亮度，强烈反光的白色瓦，夏天产生耀眼的白色，冬天产生寒冷的白色，从来没有和谐的感觉。这是很难和其他城市色彩相比的，造成的创伤永远无法恢复，因为它有一个致命的特点是永远不会成为"旧"的，甚至无法通过立体的绿色覆盖其丑陋的色彩。幸运的是，目前白色时尚潮流已经成为过去，但新的装饰材料，新的建筑色彩还会形成。只有当每个城市找到自己的色彩感，并建立一个城市的文化自信时，对城市进行色彩规划设计和保护，才有真正的希望。

第三节　城市景观生态规划设计

景观生态学是研究景观空间结构和形态特征对生物活动和人类活动的影响的学科。以生态理论为基础，吸收现代地理学和系统科学的优点，研究景观的结构、功能和演化，并对景观和区域尺度的资源与环境管理进行研究。城市是典型的人工景观，是景观生态单元的主体，其建筑群构成主要景观，此外，还有公园、绿地等常见景观元素。在空间结构上，它属于封闭的收敛型，具有高浓度和小分散性，城市景观的功能具有高能量流、高容量信息流的辐射传输和文化多样性。

景观生态学理论认为，城市地区是由众多的矩阵、廊道、斑块组成的大系统，其协调运作依赖于这些空间单位的数量、质量、结构和功能的协调，特别是块结构和功能变化的矩阵与廊道和块体的质量和数量的变化，所以大城市的区域景观生态规划在城市规划中的作用尤为重要。

　　城市景观生态规划的本质是合理的空间组织和生态良性循环，是营造良好的城市空间环境及高效、协调的城市生态系统建设，实现城市可持续发展的基础。城市生态环境分为三个方面，首先是城乡一体化，总体环境协调发展。形成多层次、群体发展的新格局；合理控制城市中心区土地和人口规模，调整和完善城市布局，推进郊区城市化进程，适度融合和建设乡村中心，形成城市体系格局。其次是针对当地生态特点，注意保持和建立自然板块之间的联系，形成城市环境和自然环境和谐的城市空间；善于利用城市的河水，形成绿色通道，渗透到每个分区。根据城市环上的道路，以及它们之间的关系建立城市景观走廊，尽可能将分散的城市绿地结合成网络，组成最终的城市绿地系统。形成紧凑型城市发展核心，以间隔自然风光周边的社区和活动中心，让新鲜的水、土壤和植物渗透进人口密集的城市中心。最后是人与自然环境之间的居住空间，由建筑实体空间和建筑外部空间构成。前者属于封闭的空间，后者是开放的空间。在居住环境设计中应最大限度地渗透绿地，并接近自然环境，建立以"环、楔、廊、园"为主体的绿化体系目标；尊重居民，为居民提供方便、舒适、多样化和与众不同的生活领域，建设绿色、清洁、美观、安全的生态社区。住宅区应尽量避免单调的统一，应在庭院中的道路终端周边设计住宅组。城市文化环境包括文化、社会、建筑和艺术环境。每个城市都有自己的历史传统和文化特色，尊重和保护城市的历史文化环境，其重要性不言而喻。城市社会环境是社区生活的基本单位，是居民生活、工作和维持公共关系的空间。城市建设和环境艺术是城市景观的主体，和谐统一的建筑轮廓可以成为城市的标志，精心设计的建筑群空间结构可以提升城市的形象，提高城市的质量。简言之，人与自然的和谐发展是城市空间环境的创造主题，城市景观规划的概念应具有传播、融合、传承与审美的特点。

巴黎城市规划纲要规定：要注意点缀城市与自然空间，保护和加强绿化带，加强居住区绿化，有效利用森林和树木，有效利用农业区，促进河流和岛屿的恢复，提高城市生活质量，城市建设在绿化区，扩大休闲空间。

综上所述，城市景观生态规划的基本原则是：协调人类与自然的关系，保持文化特征；在人工环境中显现自然，增加生态多样性；发挥景观多样性；合理布局城市空间结构、提高开放空间相对集中度；保持景观生态过程与格局的连续性与恢复程度，以建设绿色空间系统为中心的绿化、美化和净化；提高生活环境与生活质量，促进各城市文化发展。环境管理与生态工程相结合。

不同的城市结构形态会产生不同的环境效应，在同心圆、带状、方格状、环射状与星形等城市形态中，以星状景观消除大气污染的影响效果最好。由于城市中心梯度场和廊道效应梯度场的存在，在单纯的经济利益驱动下，城市空间扩展中自然存在着一种倾向，这将严重破坏城市景观结构和生态平衡。城市廊道效应是随着交通量的增长、建成区面积的扩大、走廊高度的提升而变化的。城市景观由同心圆的初级结构通过带状、十字形、星形、多边形等阶段演化到高级的同心圆结构，形成大城市成熟的独特结构。自然廊道的存在有利于吸收、排放和减少城市污染，减小人口密度和交通流量。因此，自然廊道系统分为城市发展规划、自然廊道和人工廊道，形成分散群的景观格局，可以有效防止区内的饼式风格发展所造成的生态恶化。景观格局的手段在充分发挥人工走廊的经济效益的同时，根据走廊的综合效益最大化理论，使部分水面、农田向大型公园、游乐场、度假村以及现代化蔬菜生产保护地等高效益用地等级转化，迫使附近分散组走廊向远处扩散；以及在两者之间建设人工与自然植被走廊、河、水、大森林公园和集约化蔬菜、花卉生产基地，形成一个楔形绿地建成区。

城市景观动态性强，具有较强的时间和地域性。一个具有地域特色的景观城市，既能为居民带来认同感和归属感，也能展现生态、社会、经济、文化等方面的价值，表现出的城市风貌和魅力让人驻足。优秀的城市规划是一个城市的灵魂形态，是对一个城市的文化和魅力的一个准确解释，在景观的使用和发展方面占有重要地位。

1. 适度发展，维护当地生态良性循环——生态可持续性原则

新项目的规划应因地制宜，规模要适当，不与景观纠纷，不与山水争色。在整个观点的指导下，逐步发展、重建和调整，创造一个新的环境。对新项目开发的综合措施的利弊要谨慎考虑。对于欠发达地区，要在保护生态平衡的前提下，最大限度地保护自然环境景观，以确保景观的可持续发展。

2. 无形的文化包含在可见的风景中，创造了一个完整的体验——文化特征的原则

随着城市建设的发展，大量的文物逐渐消失。这些历史遗址蕴藏着巨大的潜力，如果能够得到保护和发展，往往成为城市历史文化景观的特征。以厦门市为例，古海湾现在只能从地貌上追溯历史，"七池八河十一溪"已名存实亡。古八景、新八景因为开发力度不够，很少有外人知道。对于景区的开发，需要进一步突出特色，特别是当地文化资源。旅游的初级阶段主要是娱乐，发展到高级阶段，除了娱乐，主要就是为了满足文化的需求。如果我们不只是观注景观的建筑本身，而是进行建筑文化的展览，建立小型博物

馆、展览厅，在通俗、清晰的方式中，介绍建筑的历史背景、起源和文化内涵，那么参观者就不仅可以得到视觉体验，还可以获得一个全方位的感官体验。保持风俗习惯是提升景观价值的关键，由于不同文化内涵的同一性，其中蕴含着独特的魅力。隐形文化与可视化景观相结合，可以展现城市景观的特征。

3. 城市景观文化延续——时代发展的城市特色原则

（1）新活力注入。城市景观不仅是一个独特的自然、历史文化景观，还是与时代紧密切合的新景观。城市景观的发展，延续了景观反映城市的演变，这种变化是不可否认的。人工文化景观是一道美丽的风景线，所以我们必须尊重历史，并考虑到未来的变化，在城市园林建设中，不断注入时代因素，保持城市景观特色的连续性。

（2）虚拟现实景观设计在未来城市规划中的指导。信息技术的发展使城市规划、设计和管理都发生了巨大的变化。随着计算机科学技术的发展，在类似理论和数学理论、控制理论、信息处理技术和计算机技术的基础上，对虚拟现实技术（Virtual Reality，VR）的理论研究，在未来城市建设的诸多方面都将发挥重要作用。将虚拟现实技术应用于城市虚拟现实景观的构建，可为城市的动态规划提供一个工具。

（3）虚拟景观与城市规划分析的可视化计算。可视化技术在城市规划中具有广阔的应用前景。基于大量的调查和分析，规划通常是在调查和分析的基础上进行的。在城市规划中所采用的分析方法有定性、定量和空间模型，具有综合性强、覆盖面广、计算量大的特点。在虚拟现实技术中，利用可视化技术，可以对数据进行可视化分析，分析结果以图形表达出来，使结果更容易理解，并且可以通过交互方式改变传输参数，以及实时观测到变化。

（4）结合协同设计。基于多用户虚拟城市景观的实现，利用现有的网络通信机制进行城市规划远程协同设计。

　　城市规划的目的是满足社会经济发展和生态保护的需要，为城市居民的生活、工作、学习、交通、休息和社会活动创造良好的条件。城市的景观规划是很重要的，在城市规划中如果我们忽视景观的作用，这个目标将是非常难以实现的。当前城市环境的快速发展，能充分体现景观的作用和有效利用景观成为城市规划的重要标准的重要性。对于景观在城市规划研究中的应用不只是停留在当前，而应该用发展的眼光将两者融合。只有这样，我们才能使城市变成一个文明、可持续、和谐的人类家园。

　　自然景观的概念已经普及，同时，景观设计也早已深入人们的视野、景观与规划、生态、地理等多种学科的交叉和融合中。笔者所了解的景观设计是在建筑设计和城市规划设计的过程中，综合考虑和设计周围的因素环境，包括自然因素和人为因素，建筑与自然环境的呼应关系，让其使用更方便、更舒适，提高整体的艺术价值。这一概念更是从规划和建筑设计的角度关注自然与社会及人与周围环境的关系。

1. 景观规划设计中的生态意识

　　树立生态意识是首要问题，要以人与自然共同进化的知识、人与自然的相互作用、人与自然的思想包括人与自然的相互依存的概念为基础树立自然生态观。人与自然的关系在本质上应与自然相适应，应发挥主观能动性，充分认识自然规律，利用自然规律，创造一个适合人类居住的环境。景观设计学是一门关于如何安排土地及土地上的物体和空间来为人创造安全、高效、健康和舒适环境的科学和艺术。它是人类社会发展到一定阶段的产物，是历史发展的必然产物。同时，景观也反映了人类的世界观、价值观和伦理观。它是人类爱与恨、欲望和梦想在地球上的投影，而景观设计是实现梦想的途径。

　　现代意义上的景观规划设计是由于自然与人类的产业化与人

文精神的双重破坏而产生的，以协调人与自然的关系为自己的责任。与以往的园林相比，现代景观规划设计最根本的区别在于，它的主要对象是人及人类生态系统；服务对象是人类和其他物种；强调人类发展和资源环境的可持续性。

城市规划中生态意识的形成要尊重自然的建筑设计，即有环保意识的设计。在自然环境下，建筑与自然的有机结合，可以维护当地和区域生态环境，维护自然环境要素不被破坏，因为自然环境质量是人类可持续发展的基础。设计结合自然更符合中国古代"天人合一"的思想，这种自然观认为人与自然、建筑与自然应该是一种和谐的关系。在建筑实践中，以风水理论为代表，对风水理论及选址模型进行了探讨。其本质是谨慎仔细考察自然环境，顺应自然，有节制地使用和改造自然，创造良好的生活环境。现代西方工业的发展促进了人类文明的发展。因此，人们看到了改变自然的力量，一些西方建筑师认为，建筑与自然景观的结合对比才是完美的。

2. 景观规划中的生态设计策略

目前，我国生态建设的实践正在蓬勃发展，人们越来越意识到城市生态建设的重要性和紧迫性，以及生态城市建设的迫切性。生态城市是城市生态化发展的结果，简单地说，它是和谐社会经济和生态良性循环的人类居住区，自然、人类和城市融为一个有机的整体，形成互惠共生结构。生态城市的发展目标是实现人与自然的和谐。

景观在自然或人为干扰下不断变化，不同强度的力产生不同的生态响应。适度干扰可以增强景观的异质性，景观可以恢复到原来的状态；而严重的干扰使景观的异质性迅速减弱，景观难以恢复到原来的状态，并产生新的动态平衡。

景观作为一种具有明显视觉特征的地理实体，不仅具有经济价值和生态价值，还具有审美价值。

景观生态规划强调的是生态合理性，即与自然规律的合理规划相比较，以符合人类生态学的长远利益，在规划中深入分析区域景观与生态系统结构、物流的流动性和特征以及实施生态风险的规划与实施，维护和改善生态系统的生态环境，实现生态合理性。同时，景观生态规划必须追求经济效益、社会效益和生态效益的协调与统一，这是景观体系的重要环节。

3. 生态原则在景观规划设计中的运用

景观规划设计把生态经济学、地理学、建筑学、城市规划、环境艺术、市政工程设计、景观作为一个整体来考虑、协调人与环境，社会经济发展与环境资源，生物与非生物环境、生态系统的关系，在景观空间格局和生态特征及其内部协调的时间和空间上，达到最佳利用效果，充分体现了艺术与科学的结合。景观设计要解决的问题是"所有关于人类使用的土地和室外空间的问题"。在环境规划与设计领域，景观与生态是密切相关的，景观设计对生态环境的影响是最直接、最有效的。

生态价值取向作为一种全新的景观设计目标，是景观设计发展到今天的必然趋势，现代景观生态设计体现了人类新的梦想、新的审美观和价值观：人与自然真正的合作与友爱。景观生态适宜性分析是景观规划设计的重要组成部分，目标是评价景观生态类型的元素，根据区域景观资源与环境特征、发展需求与资源利用要求，选择有代表性的生态特征，通过景观多样性、景观功能、美学和景观对内部资源的质量和与周围景观的关系分析景观美化的价值，确定景观类型对某一用途的适宜性和限制性，划分景观类型的适宜性等级。适宜性分析的方法有整体性、因子叠合法、数学组合法、因子分析法和逻辑组合法五类。因此，景观规划设计不仅是一门艺术，更是一门科学。

景观生态学理论指导城市园林绿化建设，是对城市公园绿地系统和城郊风景区的规划和管理，城市是其对象和主体。从景观生态角度看，城市是典型的人为干扰景观，是一个连续的动态变化的具体景观，即城市景观的主题是一种特殊的景观，主要特征是破坏自然景观和扩展人工景观。工业拼块数量的增加导致环境污染源增加及内部水域的绿色空间和环境资源拼块锐减；城市建设迅速扩张，扩大到郊区，取代耕地模式和绿色瓷砖；城市景观平均净生产力为负，比任何其他景观更多地依赖和需要大量的能源、燃料和其他形式来维持其正常运行的交通走廊。

城市公园系统是城市绿地体系的重要部分，是城市中的生态景观。这些景观的形成既有自然的因素又有人为干扰的因素，既有引进拼块又有残留拼块，具有镶嵌度高、景观元素类型多种多样、异质性强的特点。这类景观自然延伸到城市，可以改善生态环境，以开放空间大、开放度高、接近自然的特点和魅力吸引人来享受、理解和娱乐。

总之，城市景观的质量问题很突出，如何管理城市环境，提高景观生态质量，对城市的可持续发展具有重要意义。改善城市环境质量主要有两个方面：一是减少污染；二是增加绿化面积，增强城市景观的自我净化能力。城市公园绿地系统是城市绿地系统的主体，城市绿地系统的生态功能是衡量城市景观质量的重要因素，其发展与建设具有分区的生态环境，贯彻景观生态规划的原则。

第四节　欧洲现代景观规划设计

几乎所有有影响的景观设计师在成名之前都有一次"朝圣之旅"，从美国的P. Walker、G. Hargreaves到德国的P. Latz，法国的A. Chemetoff 等，他们或在大学毕业之后，或在事务所工作了一段时间之后，都会花上半年、一年甚至更长的时间到世界各地旅行，观摩历史上的伟大作品，感悟传统的精神，回来后实现崭新的蜕变，攀上事业的高峰。

他们的"朝圣"对象主要是欧洲的四个古典园林：意大利的复兴花园、法国的巴洛克式花园、英国的自然景观和西班牙的伊斯兰园林。意大利的复兴花园让他们感受到古罗马文明的荣耀，以及对平台的园艺技术成熟巧妙地利用；法国巴洛克式花园让他们知道勒诺特式园林对几何图案的把握和对轴的微妙处理；英国风景园让他们找到了现代公园的源头，如画的风景让他们真正理解山水画与西方艺术传统之间存在着深刻的渊源；西班牙伊斯兰建筑使他们对自然的东方文化和水的另一个精致的处理方式有一个新的理解。"朝圣之旅"成为当代景观设计方向的重要力量，书本学习与现场的感觉相比，看书、图纸和照片只能让人理解，但一个细节的场景就可以打动人，使人产生新的想法或动摇保持很久的观念。中国人讲究"读万卷书，行万里路"，西方人也促进了人生的灵感之旅，"生活在别处"意味着继续离开和感情的另一个开始。所以一到假期，学生们就背上了包，他们在一些经典作品面前逗留，反复尝试，以获得灵感。现代园林设计在欧洲已经有了摆脱美国控制的迹象，特别是当代年轻设计师们厌恶的美国用钱堆出来的所谓工业或后工业时代的风景，简单、生冷而僵硬，缺乏生气，许多作品只为富人或大公司创作，很少关注普通人真正的需求。于是他们转向欧洲传统文化，在寻找现代欧洲景观设计的基础上，对美国的固有特点进行反现代流行文化霸权设计。当然，他们对待自己的传统态度是很清楚的，即继承的是精神，而不是形式，除了恢复古迹和做复古花园，将不会做古董工程。模仿意味着落后和死亡，他们甚至故意将与传统的距离拉远，以一种奇怪的方式展现自己的态度。所以我们看到一个有趣的现象：一方面，他们在本质上都非常尊重他们的文化传统，另一方面他们在表面上极为反叛传统。欧洲景观设计师基本上是在传统的环境中工作，面对的是几个甚至几十个世纪的街道、广场、围墙、护堤、教堂和庄园，但他们总能很快找到钥匙，提取传统的精华，并转化为新的设计语言和最后一个创造独特的、充满魅力的现代景观作品。

如果现代欧洲的传统景观设计对我们产生了深远的影响，就不难确定，当代欧洲景观设计作品也不同于其他地区的景观设计作品。虽然很多作品在当代欧洲流行，但仍不同于美国作品的大胆和曝光，美国作品更微妙和幽默。这并不是抹去传统角色的发挥，这里所指的传统是广义的，它是欧洲历史悠久的民族融合，在各种园林文化的创造与传播上的变化，也是由不同的地理环境、气候、风俗习惯等形成的传统。在今天的全球化、欧洲一体化和新的大融合中，景观设计也不例外。这反映在设计师之间相互学习和频繁的交流中。设计是一个跨区域的工作，西班牙设计师在法国，法国设计师在德国，或荷兰设计师在西班牙，他们把自己的文化背景和个人风格传播到全球的各个地方。然而，不同国家和地区的景观设计仍表现出强烈的地方特色，因为外国设计师也很尊重当地的历史和文化，并一直努力探索当地特色。维也纳法国式园林，虽然有大的尺寸和大的轴线，但仍反映了奥地利音乐的节奏；在德国的景观花园中，虽然有英国式自然风景园林的起伏草地，湖泊溪流和罗马式亭、桥，但仍然更多地体现出了理性，而少了一些浪漫。在欧洲这样一个地理上没有任何障碍、文化渊源颇为相似的地区，每个国家似乎都更强烈地要表现自己的文化。

法国有傲人的园林文化传统，17世纪的巴洛克式园林传遍欧洲，引起各国宫廷纷纷模仿。但从法国大革命之后，其文化特质就开始多了一些反思和怀疑的精神，而不仅仅是追求浪漫主义。启蒙运动使法国人有了宽阔的胸怀，从而能够包容多种思想。其实，严格意义上的现代主义景观设计并非只是由哈佛的几个激进学生G. Ekbo、D. Kiley、J. Rose等人倡导而产生的。1925年在巴黎举行的国际现代工艺美术展（Exposition des Arts Decoratif et Industrial Modernes）上的园林展已经展示了设计思想向现代主义的转变，G. Guerrokian的"光与水的园林"采用以三角形为母体的几何构图；P. E. Legrain的庭园则把室内设计向室外延伸，以动态均衡的构图创造出流动空间。法国人具有激情四溢的创造力，更善于把抽象的理论应用于实践，20世纪80年代，密特朗总统的十大工程给设计师提供了一个展示才华的大舞台，其中B. Tschumi、A. Chemetoff、G. Vexlard完成的拉维莱特公园把解构主义理论体现到具体空间上，通过一系列由点、线、面叠加的构筑、道路、场所创造了一个与传统公园截然不同的公共开放空间，但巨大的尺度、视轴、林荫大道仍让人联想起法国巴洛克式园林的特征。虽然拉维莱特更多的是一个关于建筑理论的实践，但在景观设计领域仍然引起很大震撼。另一重大工程雪铁龙公园位于塞纳河边，是雪铁龙车辆制造厂搬迁后的废弃地，它吸引了众多名家参加竞赛，最后由Viguier小组和Berger小组合作完成设计。公园不囿于一种风格，将法国几何图案式园林、英国自然园林、东方园林以及现代设计语言形式综合起来，创造了一系列广场、台地、草坪、水渠、喷泉和众多主题庭园，很好地处理了与周边城市的关系，不仅把自然引入城市中，还把城市引入自然中。20世纪90年代以来的法国景观设计虽然没有太多重要作品出现，但作品的种类越来越多，传统活力在增强，设计师变得更加从容和自信，设计不仅追求创意，更体现人性和文化宽容。

　　一年一度的Chaumont-Sur-Loire国际城市规划节邀请全世界知名景观设计师和艺术家前来参展，更特意给年轻设计师留出创造空间，这吸引了大量设计师、学生和普通公众前往观摩，许多作品形式新颖，观念超前。巴黎Montparnasse火车站的大西洋大庭园位于火车站屋顶之上，采用生态种植以减轻荷载，同时创造各类开敞空间和私密空间供人们交往和休息；K. Gustafson设计的壳牌石油总部没有大公司拒人千里的冰冷气息，众多小庭园和水生植物园给员工提供了生态化视觉景观和休息空间，从高低不同的屋顶、台地到倾泻而下的波浪状草地和高耸的片墙，形式独特，让人联想起法国传统建筑的弧形屋顶和林立的烟囱；同一个设计师设计的Terrasson-La-Villedieu台地公园则带有历史主义色彩，公园以大地为雕塑对象，森林、植物园、露天剧场、小径都具有象征意义，体现自然和人类文明的沟通历程；位于维希由北纬公司（Latitude Nord）设计的戴高乐广场极其简洁，铺地所采用的深色不规则三角形及四方形碎石和白色大理石碎片组合具有强烈的视觉效果；Marc Barani设计的Saint Pancrace公墓在山上开凿岩石，用白色大理石覆盖在叠置的墓穴上，眺望大海的景观体现了有个性场所共存的意义。法国设计师还擅长修复传统园林和改造历史环境，Christian Drevet 和Daniel Buren所做的里昂 Terreaux广场改造，一方面以重述法国社会史为主题，用方格网呼应圣皮埃尔宫的古典立面；另一方面大胆将原来位于广场中心的巴多笛喷泉迁移到广场北面，既将喷泉雕塑的美丽正面显现出来，又将广场空间充分提供给人们使用；L. Quoniam所做法国南部古罗马遗址加尔桥，则大刀阔斧地整理了地域内的交通系统、游览路线、绿化和服务设施，既减少了大量游客对历史环境的干扰破坏，又将罗马输水道的壮丽景观从各个角度和各种距离呈现出来。

第四章　景观规划设计中艺术手法的运用

第一节　景观设计艺术

一、源于自然，高于自然

自然风光以山、水为基础，以植被为装饰，山地、水、植物是自然景观的基本要素，也是景观建筑元素。中国古典园林一般采用简单的自然景物的构成要素，但有意识地加以改造、调整、加工和剪裁，从而对自然的表现进行了简洁的总结。所以，像颐和园一样的大型自然景观园林，可以与典型的江南山水景观在中国北方的土地上同时出现。这是中国古典园林最重要的特征之一，它更自然。这一特点在人工园林中的山地、水和植物的建设中尤为突出。

二、建筑美与自然美的融合

法国的普通园林和英国园林是西方古典园林的主要代表，前者根据古典建筑的原则，将园林规划和控制延伸到建筑轴线。然而，截然相反的两种园林形式有一个共同的特点：建筑美和自然美的对立，或建筑控制一切，或建筑被完全屏蔽。

中国古典园林就不是这样的，无论是建筑的数量，还是其性质、功能，都争取做到与山、水、花卉和树木以及一系列景观组织成园艺元素。突出协调、互补的积极影响，抑制消极的对立、排斥。

三、诗歌与绘画的趣味

文学是时间的艺术，绘画是空间的艺术。花园的风景不仅需要用静态的眼光观察，还要在移动中观察。所以景观是时空综合的艺术。中国古典园林的创作，要充分把握其特点，将各种艺术门类之间的类比，熔铸于山水画艺术中，使整个园林成为一个整体，包含丰富的诗歌和绘画的情趣，这通常被称为"诗情画意"。

诗情画意不仅是把前人诗文的某些境界、场景在园林中以具体的形象复现出来，或者运用景名、匾额、楹联等文学手段对园景作直接的点题，还在于借鉴文学艺术的章法、手法使规划设计颇多地类似于文学艺术的结构。沧浪亭的楹联："清风明月本无价，近水遥山皆有情"与"沧浪"之说暗合。

四、蕴含的意境

意境是中国艺术创作和欣赏的一个重要美学范畴，也就是说把主观的感情、理念熔铸于客观生活、景物之中，从而引发鉴赏者类似的感情共鸣和理念联想。

游人获得园林意境的信息，不仅通过视觉官能的感受或者借助于古人的文学创作、神话传说、历史典故等信号，还通过听觉、嗅觉，诸如十里荷花、丹桂飘香、雨打芭蕉、流水叮咚，乃至"风动竹篁有如碎玉倾洒，柳浪松涛之若天籁清音"，都能以"味"入景、以"声"入景而引发意境的遐思。曹雪芹笔下的潇湘馆，那"凤尾森森，龙吟细细"更是绘声绘色，点出了此处意境的浓郁蕴藉。

拙政园（此亦拙者之为政也）的见山楼，与陶渊明的名句："采菊东篱下，悠然见南山"有关，苏舜水的"沧浪亭"，见于司马迁《史记》中《渔父》载："渔父莞尔而笑，鼓枻而去，乃歌曰：'沧浪之水清兮，可以濯吾缨。沧浪之水浊兮，可以濯吾足。'"沧浪歌早在春秋时期已经传唱，孔子、孟子都提到了它。孟子曰："有孺子歌曰：'沧浪之水清兮，可以濯吾缨；沧浪之水浊兮，可以濯吾足。'孔子曰：'小子听之！清斯濯缨，浊斯濯足矣，自取之也。'"苏州网师园：网师即渔父、钓叟，柳宗元有"独钓寒江雪"之句（原为渔隐），北京陶然亭公园有"陶然佳景""望春浴德""童心幼境""水月松涛""九州方圆""胜春山房""濒岛飞云""华夏名亭"八大景区，每个景区都有若干个景点。其中，"华夏名亭"（1985年修建）是陶然亭公园的"园中之园"，由九个景点组成，即以十个历史文化名亭及环境形成若干个意境单元。它们分别是"屈原的"独醒亭"、王羲之的"兰亭"及其子（王献之）的"鹅池"碑亭、欧阳修的"醉翁亭"、陶渊明的"醉石"、白居易的"浸月亭"（取白居易的"别时茫茫江浸月"，相传为周瑜的点将台）、扬州瘦西湖的"吹台亭"、无锡惠山公园的"二泉亭"、苏州沧浪亭公园的"沧浪亭"、杜甫的"少陵草堂"碑亭。

五、园林造景的艺术手法

景观是景观设计的主要内容，所谓的景观主要是为了满足工程要求，在遵循园林艺术原则的前提下，利用各种园林技术，适当组织各种景观元素，成为一个具有审美价值的景观和空间环境，并巧妙地利用原始自然景观和人文景观的创造性行为。

1. 主景与配景

主景或主景区是风景园林的构图中心，处理好主配景关系，就取得了提纲挈领的效果。突出主景的方法有：

（1）主景升高或降低法。主景升高或降低法如"主峰最宜高耸，客山须是奔趋"，或四面环山，中心平凹。

（2）轴线对称法。轴线对称法包括绝对与相对的对称手法。

（3）"百鸟朝凤"或"托云拱月"法。"百鸟朝凤"或"托云拱月"法也叫动势向心法，即把主景置于周围景观的动势集中部位。

（4）构图重心法。构图重心法是指把主景置于园林空间的几何中心或相对重心部位，使全局规划稳定适中。

（5）园中之园法。园中之园法是指在不少大面积风景区或园林关键部位设置园中园，以局部之精髓而取胜。

2. 层次与景深

没有层次就没有景深。无论是建筑围墙，还是树木花草、山石水景、景区空间等，都喜欢用丰富的层次变化来增加景观深度。景深一般分为前（景）、中（景）、后（背景）三大层次。中景往往是主景部分，当主景缺乏前景或背景时，便需要添景，以增加景深，从而使景观显得丰富。尤其是园林植物的配植，常利用片状混交、立体栽植、群落组合、季相搭配等方法，取得较好的景深效果。有时为了突出主景简洁、壮观的效果，也可以不要前后层次。

3. 借景与屏景

《园治》云："嘉则收之，俗则屏之"，讲的是周围环境中有好的景观，要开辟透视线把它借进来，如果是有碍观瞻的东西，则要将它屏障起来。有意识地把园外的景物"借"到园内可透视、感受的范围中来，称为借景。借景是中国园林艺术的传统手法。一座园林的面积和空间是有限的，为了丰富游赏的内容，扩大景物的深度和广度，除了运用多样统一、迂回曲折等造园手法外，造园者还常常运用借景的手法，收无限于有限之中。借景的类型有：

（1）远借。远借就是把园林远处的景物组织进来，所借物可以是山、水、树木、建筑等。成功的例子很多，如北京颐和园远借西山及玉泉山之塔；避暑山庄借憎帽山、留锤峰；无锡寄畅园借惠山；济南大明湖借千佛山等。为使远借获得更多景色，常常需登高远眺。要充分利用园内有利地形，开辟透视线，也可堆假山、叠高台，山顶设亭或高敞建筑（如重阁、照山楼等）。

（2）邻借（近借）。邻借就是把园子邻近的景色组织进来。周围环境是邻借的依据，周围景物只要是能够利用成景的都可以借用，不论是亭、阁、山、水、花木、塔、庙。如苏州沧浪亭园内缺水，而临园有河，则沿河做假山、驳岸和复廊，不设封闭围墙，从园内透过漏窗可领略园外河中景色，园外隔河与漏窗也可观望园内，园内园外融为一体，就是很好的一例。再如邻家有一枝红杏或一株绿柳、一个小山亭，亦可对景观赏或设漏窗借取。如"一枝红杏出墙来""杨柳宜作两家春""宜两亭"等布局手法。

（3）仰借。仰借是指借园外景观，以借高景物为主，如古塔、高层建筑、山峰、大树，包括碧空白云、明月繁星、翔空飞鸟等。如北京的北海借景山，南京玄武湖借鸡鸣寺均属仰借。仰借视觉较疲劳，观赏点应设亭台座椅。

（4）俯借。俯借是指居高临下俯视园外景物，登高四望，四周景物尽收眼底。所借景物甚多，如江湖原野、湖光倒影等。

（5）应时而借。应时而借是指利用一年四季、一日之时，由大自然的变化和景物配合而成的景观。对一日来说，日出朝霞、晓星夜月，以一年四季来说，春光明媚、夏日原野、秋天丽日、冬日冰雪。植物也随季节转换，如春天百花争艳，夏天浓荫覆盖，秋天层林尽染，冬天白雪皑皑，这些都是应时而借的意境素材，如"苏堤春晓""曲院风荷""平湖秋月""断桥残雪"等。

4. 对景与抑景（障景）

对景多用于园林局部空间的焦点部位。多在入口对面、甬道端头、广场焦点、道路转折点、湖池对面、草坪一隅等地设置景物，一则丰富空间景观，二则引人入胜。一般多用雕塑、山石、水景、花坛（台）等景物作为对景。抑景或障景是指以遮挡视线为主要目的的景物。中国园林讲究"欲扬先抑"，也主张"俗则屏之"，二者均可用抑景障之，有意阻止游人视线，以增加风景层次。障景多可用山石、树丛或建筑小品等要素构成。

5. 分景与隔景

分者将空间分开之意，隔者将景物隔离之意，二者类似而略有不同。多用分景法进行景区划分，分而不离，有道可通。也可用隔景法进行景物隔离，隔而不断，景断意联。如颐和园入口处用宫墙将空间分离层次，又用牡丹台（自然式台岗）隔挡视线，但隔而不断。人们通过堑道，绕过山口，则豁然开朗。至昆明湖景区，湖上又有十七孔桥分隔水面成南北两片，西堤分湖面为东西两部分，万寿山分昆明湖为前湖、后湖，确实分而不离，隔而不断，水陆相通，层次幽深。

6. 夹景与框景

在人的视野中，两侧夹峙而中间观景为夹景，四方围框而中间观景则为框景，这是人们为组织视景线和局部定点定位观景的具体手法。同照相取景一样，往往达到了增加景深、突出对景的奇异效果，夹景多利用植物树干、断崖、墙垣、建筑等形成；框景多利用建筑的门窗、柱间、假山洞口等。选择特定角度，撷取最佳景观。

7. 透景与漏景

透漏近似，略有不同。按山石品评标准，前后透视为"透"，上下漏水为"漏"。这里，景前无遮挡为"透"，景前有稀疏之物遮挡为"漏"，有时透漏可并用（"漏"的程度大到一定时便为"透"）。在园林中多利用景窗花格、竹木疏校、山石环洞等形成若隐若现的景观，增加趣味，引人入胜。

8. 点景与题景

在风景园林空间布局中，除了主景定位外，与主景和主景区有直接和间接视线联系的部位，如山顶、山脊、山坡、山谷、水中、岸边、瀑侧、泉旁、溪源以及凡在风景视线而又处于视线控制地位或景区转折点上，经常利用山石、植物、建筑和雕塑等景物作为景点，以打破空间的单调感，从而增加意趣，起到点景作用。另外，我国园林善于抓住每一处景观的特点，根据它的性质、用途，结合空间环境的景象和历史进行高度概括，常做出形象化、诗意浓、意境深的园林题咏。其形式多样，有园额、对联、石碑、石刻等。题咏的对象更是丰富多彩，无论是亭台楼阁、大门小桥、假山泉水、名木古树，还是自然景象，都可给予题名、题咏，如颐和园、知春亭、爱晚亭、南天一柱、迎客松、兰亭、花港观鱼、碑林等。不但丰富了景观内容，增加了诗情画意，点出了景的主题，给人以艺术联想，还有宣传装饰和导游的作用。各种园林题咏的内容和形式是造景不可分割的组成部分，我们把创作设计园林题咏称为题景手法，它是诗词、书法、雕刻、建筑艺术的高度综合。

9. 朦胧与烟景

和中国画一脉相承，在园林中巧用天时、地利、气候因素，创造烟雨朦胧的景观，是一种独特的造景手法。如避暑山庄有"烟雨楼"，因处于水雾烟云之中，再现了浙江嘉兴南湖的云烟之美。北京北海公园有"烟云尽志"景点。更有甚者，宋徽宗皇帝主持良岳造园，命人用炉甘石（烟硝）置于山间水边，使之吸潮生雾，创造"悠悠烟水，淡淡云山"的迷离景象。又如号称泉城的济南，有古诗赞曰："云雾润蒸华不注，波涛声震大明湖"。这是把泉涌动态和云蒸雾华结合起来的朦胧之美。

10. 四时造景

运用大自然景色的四季变迁，创造春夏秋冬景观，是我国造园艺术的一大特色。四季造景，表现在景区划分、植物配植、建筑景点、假山造型等方面。如利用花卉造景的有春桃、夏荷、秋菊、冬梅的表现手法，用树木造景的有春柳夏槐、秋枫冬柏；利用山石造景的有扬州个园的春石笋、夏湖石、秋黄石、冬宣石做法；运用意境造景的有柳浪闻莺、曲院风荷、平湖秋月、断桥残雪；用大环境造景的有杏花村、消夏湾、红叶岭、松柏坡等。南京有春登梅花山、秋游栖霞山、夏去清凉山、冬登覆舟山的赏景习惯。画家对季相的认识，对造园甚有益处，如园林植物"春发、夏荣、秋萧、冬枯"或"春莫、夏荫、秋毛、冬骨""春水绿而激艳，夏津涨而弥漫，秋潦尽而澄清，寒泉涧而凝滞""春云如白鹤，……夏云如奇蜂，……秋云如轻浪，……冬云澄墨惨翳，……"总之，按照四时特征造景，利用四时景观赏景，早已成为人们的习惯。

第二节　中国水墨艺术中留白手法

中国画中的"留白""空白""布白"或"计白"，是中国画独特的表现手法，是指中国画构图中的无画处。它通过一定的审美想象，从而获得一种意象空间。它的存在，与中国传统的道家思想、审美意识和方式，以及艺术表现手法密不可分，同时它作为一种绘画技法，是中国传统绘画作品中不可或缺的有机组成部分，广泛存在于中国画作品之中，是中国画的灵魂所在。

一、留白在中国画中的重要性

东西方绘画都十分讲究留白的处理。留白关系处理得当与否，直接影响到艺术效果。不同的画种，有不同的留白处理手法。中国传统的绘画艺术很早就掌握了这种留白手法。例如新石器时代的仰韶彩陶、晚周帛画风夔人物、汉石刻人物画、东晋顾恺之《女史箴图》、唐阎立本《步辇图》、宋李公麟《免胄图》、元颜辉《钟馗出猎图》、明徐渭《驴背吟诗》……顺着绘画史的足迹，我们可以发现绘画留白被越来越巧妙地有机组织到画面中来，反映出人们对留白的觉醒和深化。

中国绘画发展中有条重要的经验："师于古而不泥于古，虽变于古而不远乎古。"改革开放以来，我们似乎更多地强调了中国画的革新，而对其传统之继承和研究则显得不够，因而许多国画家对传统的学习研究并未下过足够多的工夫，过早求脱，把异化语言当作本体语言的改良。笔道少了叫禅境，繁杂舛异的笔墨堆积叫厚重，无端的涂鸦似乎成了创新，更谈不上什么意境。中国画注重意境创设，说到中国画的意境，不能不说说"留白"，物象之上的留白给人以想象的空间。中国传统绘画中，"白"可以是天空、流水、浮云、尘壤、迷雾等，与不同的实景搭配，产生不同的意境。中国画中的留白艺术，事实上有很大的学问，也是国人智慧的体现。 在西画中，"白"是通过白色颜料画出来的，是高光，而对于国画来说，大多数的"白"则是在画面中空出来的，这种空白，就是气，它能够随着画中所绘继而形成一种动势，也称"气局"。素描和水彩画也是如此。国画重视墨彩的韵味，在形式美上有更悠久的传统。国画中没有如西方形态中的"透视"概念，中国画讲究"三远"或"六远"，并在此基础上进一步延伸，形成"阔远""迷远""幽远"三法。人们把这种能产生意境和想象的空间作为国画的一个重要元素。"白"即"无"，也就是"虚"，落入画面之上，便是"虚景"。这种绘画语言就是遐想的生景，"无"有"无为"之意，在画面中起到"无为而无不为"的效果。画中空白，与画的布局、构体之间的虚实关系，完全顺应画中的"气局"流走。画中留白之处气势中存在一定的方向感，布局空白让人感觉有气之充溢。中国画家利用"白黑"二素，描绘自然与理念之间设计画面的虚实关系，国画水墨渗韵与妙造的留白在视觉上阐述着老子文化的精神境界，让"无中生有"达到了一个智性的高度。没有留白的画是不完整的，没有意境的画是没有生命力的，从某种意义上来讲，留白是中国画审美之必需。看中国画，要追寻流势，而不是看块面、对称、透视等，这是中西画中审美的差异所在。

二、留白所产生的意境美

白的本质是"单纯"。清代画家华琳在《南宗抉秘》中说:"白"即是纸素之白，凡山石之阳面处，石坡之平面处，及画外之水天空阔处，云物空明处，山足之杳冥处，树头之虚灵处，以之作天，作水，作烟断，作云断，作道路，作日光，皆是此白。夫此白本笔墨所不及，能令为画中之白，并非纸素之白，乃为有情，否则画无生趣矣。……亦即画外之画也……也就是说，"白"虽然是指画纸之质地，但是在绘画作品中，可将其珞于"有形"之境，与画面中的主题素材相互补充，成为绘画有机的组成部分，正如清代重光云：空本难图实景清而空景现，……无画处皆成妙景。"无画处"正是画中留出的空白，能无形地诱发人们的想象力，创造美妙的艺术境界。中国画中的天、地、水等往往以空白代替，背景多是以虚代实。在中国画的构架中，画面中往往以淡为尚，以简为雅，以淡微为妙境。在恬淡虚无的笔墨韵律中，展示自然与人生的内在节奏与本根样相，即物我神遇迹化之间的豁然开悟之境。深化放大淡而趣白，此类留白充当的也是一种妙化的语言，也是"白"在同等分量下的不同感觉，空灵、深邃、无穷无尽，甚至幻化的感觉均出于"白"，也就是"无"的另一种状态，给观者留下了应人而读的想象空间。刘墨在《八大山人》中这样说："这种最简单，最赤裸的形式，能更好地表达出禅宗的精神吧。另外，能以绝对的'本来无一物'这种真实感所形容的纯粹的心来观看，就是'无一物中无尽藏'所说的意义。在日本，这种思想方式促使了一种叫作'白纸赞'的诞生，即在一张白纸上什么也不画，或者在某个角落里题上几个字，使之成为冥想的世界，象征着的却是广阔无边的心灵。"再看李苦禅说八大山人："空白处补以意，无墨处似有画，虚实之间，相生相发，遂成八大山人的构图妙谛。"只因国画讲究墨色相渗的天趣，游离于黑白之间才创设出中国画无尽的意趣，也说明"留白"不仅创设意境，在画的法体语言上是绝无或缺的，是画面最主要的语言之一。"留白"是在立意为象的创作全过程中自为起讫和最关紧要的一回事，画家在殚竭精力布置落墨上为了"意境"的创设考虑其"留白"所在，否则也就没了"气口"，故为"画死"了。大凡密实板结的劣等之作全因留白不到位所致。

意境与留白和形与神一样，是孪生的一体，创设留白在刻画物象之外随域而产生幻化的语言。吕凤子曾在《构图》中说："形在神在，形神是不可分的。那么'写形'就是'写神'，形的构成就是神的表现，而形的构成方法和神的表现方法，也就是二即一不可分了。"故留白与意境在空间中的升华，似乎在意会范畴有了更大的内涵。太极八卦中的黑白鱼样图式，解读着世间万物的生发变化、阴阳更替、循环往复、无穷无尽。国画中的黑为墨，白为纸，二者为色之极端，墨可分五色，白有无尽意。在画面上的妙用给想象留下了无限的空间，玄妙的留白自然成了意境的载体。说到意境，各类形式的文艺在它们形成和发展的历程中追求意境，创造意境，成为某一种重要的目的。意境一词，最早见于诗论，在画论中出现相对晚了一些。由于古代诗歌的发展，从实践上更早地接触到了这一美学范畴。初唐时期的王昌龄在他所著的《诗格》中称"诗有三境"，提出"意境、物境、情境"三境说，最早提出了意境的概念。到清末民初，王国维进一步总结了我国古典诗论成就并结合西欧美学成果，建立了比较系统的意境说。他在所著《人间词话》中说："文学之事，其内足以摅已，而外足以感人者，意与境二者而已。上焉者，意与境浑，其次或以境胜，或以意胜。苟缺其一，不足以言文学。"把意境作为衡量诗歌艺术的唯一标准。

三、中国绘画中的留白体现

从我国绘画史上看，唐以前的主要成就在于人物画，故而绘画理论中的"形""神"等问题占主导地位。历唐以后，从五代至宋、元，山水画高度发展，画论也相应地开始触及山水画的特殊艺术境界。唐张彦远在《历代名画记》"论画山水树石"一节中，也有"凝意""得意""深奇"的说法，但这一时期对于意的提法，仍属于创作中的主观意兴方面，而没有涉及意与象的关系问题。这是由于当时山水画尚处在形成时期，理论上还不可能提出山水画的特殊艺术境界问题。而宋代是山水画的成熟时期，山水画理论也日趋形成。杰出的山水画家郭熙，在山水画的创作和鉴赏中，开始具体地阐发"意"的概念，"画者当以此意造，而鉴者又当以此意穷之。此之谓不失其本意。"并说"境界已熟，心乎以应，方始纵横中度，左右逢源。"由此可以看出郭熙已经接触到山水画意境范畴的问题。山水画论中的意境说似乎可以视《林泉高致》为其发端。到宋、元两代山水画论，对山水画意境范畴，已有所述及。尤其是元代山水画，在主观意兴表达方面，有了划时代的发展，但在画论中都还没有明确地提出意境的概念。至明代笪有光，才在其所撰的《画筌》中第一次使用了意境一词。他不仅发展了荆浩的"真景"说而提出"实境""真境""神境"论；而且还对郭熙所触及的"意"与"境"的概念及其相互关系，有了进一步发挥，已经论述到山水画境范畴的一些问题。可以说，山水画意境说，是从笪有光开始正式提出的。以后明、清两代画论中，对意境范畴中的一些问题，有进一步阐发，构成了我国古典山水画论中的意境理论。

　　王国维曾以"无我之境""有我之境"来概括宋元山水画意境问题，而程至先生则认为"意境就是以空间境象表了情趣"。意境是所有艺术作品共同的不可缺少的要素。无论山水画、花鸟画还是人物画，在动与静之间，时间与空间之间，彰显意境，笔者认为意境是艺术作品的重要目的，是艺术在立体方面的延伸，也是提升作品感染力的重要因素。苏轼说"诗中有画，画中有诗"，希腊诗人西蒙·尼德斯说过："诗是有声画，画是无声诗。"且看元代山水画"四大家"赵孟頫、黄公望、王蒙、吴镇，他们似乎更多地继承了唐宋的传统，虽说风格不同，但就意境表现的主要倾向来说，则是一致的。在融汇富有个性和情致的笔墨与物象上，更多的是主观意识的表达，黄公望《富春山居图》就是典型的代表。把时间的坐标定格在明代，文徵明、沈周仍是元四家正续，唐寅、仇英虽然取法宋画，但整体意境倾向也趋于主观。如果说从董其昌到清四王，包括极富创造性的朱耷、石涛以至弘仁、髡残、萧云从、龚半千等，仍趋于这种类型，纵观历代名作，留白成为创建意境的重要元素，同时也是文人画在意境层面上的另一个升华。观朱耷的花鸟、山水，无不在空灵中创设意境。创造画之意境的手法有着多方面的内容，而运用这些手法，是为了加强空间境象的感染力。留白就是造成这种感染力的手段之一，是计白当黑，以空为有，留给观者再创造的空间。宋代的扇画中空白几乎占了画面的一半以上。如《秋林水鸟》《岩关古寺》，前者画的水畔一角，既没画水，也没有交代对崖，作者画的是山岫一隅，既没有画远山，也没有画云雾，但使观画者并不感到缺少什么，反而能产生远远超出画面的联想。画是空间艺术，在动态和静态的描绘中多以动中求静，静中求动，一直在生着，动着，在和谐而有规律的状态中活动着，使画面产生美学上的价值和观赏性。留白成了国画的一种特殊语言，国画在平远、深远、高远的空间建构中，不自觉地使留白成了创设趣味和意境的重要元素。"五四"运动之后的新文化思潮风起云涌，文人士大夫的画走下高贵的殿堂，现实主义题材及新的表现手段和方法生根发芽，西方绘画理论及其方法涌入中国，尤其以徐悲鸿、刘海粟为代表的一代有识之士，搭桥建梁，使中西方绘画得以交流互通，使素描这种注重立体感、质量感、空间感的焦点透视方法所产生的绘画更进一步地得到发扬光大，国画的构图说被西学中的构成学所丰富，更趋于理性。散点透视的意象趋同于焦点透视的现实意义，然而这是中国画区别于西方绘画的特点之一。中国画的基本构成元素是点、线，自古以来重法度、讲皴法，对自然界的物象进行高度概括，经过理性的智写，加之宣纸和水墨韵渗的自然天趣，耐人寻味，具备了不同于生活美而构成艺术美的因素，在法度和程式的基础上讲究"意在笔先"。通过对"留白"和意境的粗浅认知，使应用留白之法，在皴、擦、点、染的技法之中更具意义。

留白是一种智慧，也是一种境界。不同于西方油画强调色彩冲击，中国画仅用黑白二色，便以"留白"之虚，配合"实景"造美，为我们描述记录着一个个充满无尽想象的世界，不仅在美学与艺术形式上有着无可比拟的价值，在绘画的民族性方面，也有着不可低估的价值。

第三节　景观设计手法与书法艺术

一、书法与城市景观的概念

世界数百个国家和民族中，大多数都有自己的语言和文字，却只有中国在进化过程中形成了自己的特色，发展成为富有东方韵味的民间艺术。情感的外在形式与精神气质凝聚、具象化为情感，具有独特的审美情趣。书法是中国文化中一个独特的产品，它与字相关，对汉字书写的实用性具有很强的依赖性，并通过点画、水墨抽象元素，灵活机动地创造审美价值。

　　景观可以理解为"景"和"观"的统一，它使客观的风景和人们的视觉欣赏相结合。"场景"是指在环境中存在的事物，如景物、景色、风景。而"观"是指人们对"景"的各种主观感受，如常说的观察、观赏、观光。城市景观是覆盖城市表面的自然风光和人为风景，从狭义上讲，它包含了人对城市的自然环境、文物等的视觉体验。从广义上讲，它包括地方民族特色、文化艺术传统等，都具有浓厚的生活气息。因此，城市景观可以反映一个城市的自然环境、历史文脉、社会经济特征和发展状况，在现代城市规划中占有重要地位。

　　中国悠久的历史和文化长期发展的积累，使书法具有独特的艺术风格。对书法的学习与讨论并不是重复过去，而是在传统文化和历史文化的基础上，更好地将城市景观设计与书法相结合，景观设计具有更广阔的发展空间和更深厚的文化底蕴。

二、书法与景观设计的历史

　　书法经历了几千年的演变与发展，已成为中华民族文化的光辉篇章。它不仅形式丰富，而且蕴含着深厚的文化内涵，是中国文化的一种物质形态和化学形态，是文化传播的载体。小篆秀美匀整，隶书紧致优美，楷书端正典雅，行书潇洒活泼，草书诡妙多变。在景观设计中书法艺术借助各种材质载体，将文字镌刻于山体、碑刻，或落墨于中堂、屏村、匾额、对联。通过静态的画面，丰富的内涵已被释放，极大地丰富了景观设计的表达语言，它是重新发现、重新使用和重新创作的山水画。最早的中国古代甲骨文和青铜铭文，与书法形式美的许多因素，如线条美、单字造型的对称美以及章法美等都相通。后秦统一文字笔画，突破单一的中锋运笔，为汉代到晋代草书、狂草的平稳发展铺平了道路。魏晋是篆隶行草各体完美的一代。南北朝继承了东方的书法文化，为唐代书法的形成创造了必要条件。纵观唐代书法，对上一代进行继承和创新，对后代的影响远远超过以往任何时期。宋代的苏轼、黄庭坚、米芾和蔡襄四人被后世所推崇。元代的书法讲究字体的结构形态。明代楷书较多，大多以灵秀为美。

追溯到中国园林设计的起源，可以发现它的历史很长。景观设计的实际意义类似于中国古代园林和景观设计。据研究，黄迪的神秘花园是世界花园史上最早的人造景观。汉代帝王命精英建造园林已成为时尚，私家园林逐渐兴起，对自然的模仿是一种普遍的追求。到了隋唐时期，皇帝兴建大尺度、多风格的园林景观。宋代时，园林氛围的建设兴盛，许多文人园林中的田园风光，都加入了个人气质的兴赋。明代继承了唐、宋几乎所有的园林布局，但园林规模小，具有风格的模式化。

三、书法的形式美原则及其在景观设计中的运用

书法的形式美是指书法笔线在表现书法家内在气质性情的同时展现出的外在的线型结构的美感。石涛的名言"无法而法，乃为至法"，讲的是书法的无限可变性。如《玄秘塔碑》运笔方圆兼施、刚柔相济、力守中宫，体势道健舒展，豪爽中透露秀朗之气。《神策军碑》可谓臻达柳公权书法之极致，无论运笔、结体还是通篇气势都极为精到老辣、神采飞扬。无论是书法家，还是景观设计师都以自己的艺术作品来表现阳刚与阴柔。"阳刚"有"力"与"骨"的审美范畴，倡导"丈夫之气"的蕴感，强调"劲健之骨力""雄强之骨势"，追求"雄浑壮伟""奔放飞动""劲健峭拔"的审美境界。"阴柔"是一种侧重阳刚之境

的"中和"。上海豫园内的大假山，通过块块顽石堆砌的自然，层峦叠嶂，洞壑深邃，使人有进入深山之感。既可远望，又可近观。每个石块都是整个景观的有机组成部分，而构成的线条又有"立体感"和"涩感"，以蜿蜒曲折的小径显现整个假山块面的统一与变化。江南民居，黑瓦白墙，正侧门廊，漏格花窗，是点、线、面与黑、白、灰的体现，无不蕴藏着形式美的法则。在营构空间时，考虑到景与景的因果关系，既具有独立的形式，又受制于整个空间的安排。任何一种新形式的探索，不论其与传统的审美习惯是否有出入，只要能够遵循事物变化、发展的原则，都将成为一种有意义的创造。

线条是进行书法创作的物化形态，是书法形式美的起源。在中国书法中具有特殊意义，它是美的意蕴最根本的承载物。研究探索书法的形式美应从"线条"这个最基本的元素开始，才能"曲径通幽"。书法所营造的艺术线条在刚柔、擒纵、开合、虚实相生等变化对比中各自成型，充分发挥了中国毛笔、水墨及宣纸的特性，通过丰富的笔墨变化趣味，呈现具有东方审美特质的艺术美感。

书法的构图并不仅仅是形式问题，更是一种艺术境界，是中国传统文化的整体思维方式。"意造无法"的构图意象创造出"无法有法"的艺术空间，体现了中国人文精神的最高意境。从细部到局部，从局部到全局，书法家所运用的一切手段都是为构图服务的。同样，在景观的布局中也体现了书法的构图形式，有些景观呈对称式分布，有些则呈自由式形状。如南京中山陵的景观风格中西合璧，采用了规整式的对称景观格局，钟山的雄伟形势与各个牌坊、陵门、碑亭、祭堂和墓室，通过大片绿地和宽广的通天台阶，连成一个大的整体，既有深刻的含意，又庄严雄伟，气势恢宏。从空中往下看，整个陵区平面呈警钟形，规整而又给人以警钟长鸣、发人深省的启迪。山下中山先生铜像是钟的尖顶，半月形广场是钟顶的圆弧，而陵墓顶端墓室的穹隆顶，就像一颗溜圆的钟摆锤。

书法构图创新的根本依据是对章法之理的把握。如果横平竖直，字字独立，行行平行，便没有对比可言。中国传统的美学讲究自然有序。不合营构之理，势必大乱；顾盼有致，变化有序，才可大顺。章法中追求对比，目的在于达到形式的丰富。巴蜀园林重天然野趣，充分利用地域的自然优势，把巴蜀山川的深邃、幽静和郁秀表现得淋漓尽致，而园林建筑的不拘一格，使造型与地貌相协调，着色和选材极富地域特色，形成的对比具有趣味性和可读性，格调质朴素雅，更兼古韵野趣。如果缺乏对比，就不能构成完整的事物。

在章法的营构中，墨色空间与空白空间的有效交融，体现出阴阳相交的生命意识。萧疏清朗，实到虚境，墨色之外的空白，虚到无时却有实，"无点画处皆成妙境"。书法作品所表现的空白形式空间可分为少字类形式空间和多字类形式空间。少字类形式空间以浓淡墨的肌理或字义的形象化进行创造，以墨色与空白的对立进行建构。颐和园昆明湖十七孔桥联："虹卧石梁岸引长风吹不断，波回兰浆影翻明月照还空。"这里地势平坦，所有的河湖均由人工开凿堆叠而成，水面占全园面积的一半以上，有辽阔的大型水面福海和若干中型水面，它们之间以曲折的河道连贯，结合堆山、积岛、修堤营造江南水乡风情。十七孔桥是其中最为显眼的建筑物，犹如书法中的"撇与捺"，在大片空白的水面空间中增添的一笔，构成一个"宛自天成"的自然环境。有力地强化景观的空白效果，突出桥线所占空间与空白空间的对比。多字类形式空间对每行字的走势、长短、字数的多少、行与行之间的空间留白作了符合全局形式的整体安排，在继承传统的用笔与章法的前提下，拓展书法空间领域，积极吸收姐妹艺术的形式美感。植物景观易于产生空间层次与空间意境。苏州留园"绿荫"水榭、幽静而通透，绿荫笼罩，为赏绿叶之佳境。拙政园梧竹幽居以梧桐、竹等绿叶植物构成幽境，园林中的林木大多由枝干组成美丽的树冠，并以其富于韵律变化的树冠丰富着园林的天际线，使园林空间的立面更具艺术魅力。

形式美是所有景观规划中最重要、最基本的语言能力。古今中外的景观设计，不论形式有多么大的变化和差异，一般都会自觉或不自觉地遵循形式美的法则，即在统一中寻求变化，在变化中形成统一。景观规划的形式美是景观中各个要素的对比与统一、渐变与反复、节奏与韵律的综合运用。景观对比程度越高，视觉冲击力越大。苏州拙政园以水景为主，大部分建筑均临水而建，其间由曲折起伏的水廊相连，水多桥多，桥平栏低，布局高低错落有致，花木池岸布置精巧，自然幽深，景点时而开阔疏朗，时而半掩半露，诗情画意尽在其中，各种造景手法在园内体现得淋漓尽致，游者步移景异，景象万千。景观艺术设计通过景观中的主从关系、对比关系、韵律关系、比例关系和尺度关系等因素达到形式上的多样统一。

四、书法艺术与城市景观设计艺术的关系

书法艺术体现了"书中有画"的气韵意境美。无论是书法创作还是景观设计，都来源于人的情感表达。景观的"意境"来自设计者对自然风景的观察，运用心灵的智慧与情感，体现个人对生活的态度，以达到以人为本的目的。景观艺术设计和书法有着某些共同的特性和创作原则。

从甲骨文的笔画结构中可以看出一种古朴和谐、对比统一的美感；从楷书的筋骨中可以看出端庄、严谨的美感；从行书的运笔走势

中可以看出行云流水的意味；从草书的墨色飞舞中可以看出舞剑的风姿、书法的书写意识与景观设计的思维越来越接近。从审美和设计思维的角度看，可以说书法所注重的对比、均衡、对称、和谐、节奏等美学形式也成了景观设计中的体现。优秀的景观设计可以使杂乱无章的生活环境变得有条有理，合理的空间尺度、完善的环境设施使人在提高生活效率的同时给人以美好的精神享受。古人评书法有这样的话："有功无性、神采不生；有性无功，神采不实。"景观设计同书法创作一样追求"形神兼备"。泰山顶亭联：四顾八荒茫天何其高也，一览众山小人奚足算哉。极为深刻地表现出人们立于山顶观望景色的一种心境，山石轮廓起伏舒卷，水流蜿蜒曲折，植物枝干苍劲有力，无不勾勒出中国景观独特的书法意趣。古人有"实处易，虚处难"六字秘传，密不相狂，疏而不离。汉字极重疏、密、虚、实四字，能疏密能虚实，即能得空灵变化于景外。

从景观线条的时序性与景观造型的空间性来看，点、线、面的变化形成"画面"的黑白、虚实的对比。在景观设计中，融合中国线墨的视觉符号，极大地丰富了设计的表达语言。"留出空间、组织空间、创造空间"，不同层次的联系与疏导，显示出其活动的动线与方向。扬州何园船厅处处临虚，空间通透流畅"巧于因借，精于体宜"，重视成景和得景的精微追求，以组织丰富的观赏画面。远看每个景观是一个个墨块，各种形状相互组合，既绚烂天真又显得雍容厚润。其审美意象是景观中各语言要素的综合运用，元素的不同穿插法更加强了风格意韵。在城市景观设计中，书法中的"干湿"主要体现在不同材质的交叉运用上，在节奏起伏中，以快速的平铺摩擦，使线条具有"涩"的力度与厚度，使整个设计与自然界中存在的明暗、黑白、虚实、阴阳关系形成一种对应，从线的相对平面感走向富有层次的立体感，传达出景观的"凹凸之形""高低晕淡，品物浅深"。

景观的虚实变化、规划的平衡度和疏密关系犹如书法章法中的音乐和舞蹈一样富有魅力。虚不仅能再现物，而且能引发人的遐想，营造无穷意境，"处处临虚，方方侧景"。避暑山庄澹泊敬诚殿以有景物处为实，以空留的绿地为虚；常熟兴福寺"团瓢不系舟"以山石、建筑为实，以水为虚，运用一虚一实"计白当黑"，达到以虚无的留白再现真实景观中的水、云、天、地。

纵观各景观设计，形态都是当之无愧的主角，是设计的出发点和归宿。尤其是在传统景观中，对形态的雕琢成为景观设计的主要着眼点。在西方传统景观中，形态的视觉美学意义是设计的重心。北京恭王府卒锦园以双重院墙、月洞门营造幽深意境。苏州耦园以层层落地罩营造"庭院深深深几许"的意境。苏州绮园"潭影九曲"曲桥、曲岸，营造出幽深意境，就像一支乐队里的每个队员，虽然各自弹奏着不同的乐器，但又十分统一地合奏着完美和谐的一首乐章。在这首或雄浑、或庄穆、或静谧、或激昂的"乐章"里，调动了参差、争让、挪移、离合、强弱、虚实等诸多艺术手段。在景观"线条"中，让人体会到了一种独立于真实自然之外的书法笔线。将笔墨形式作一种新的诠释，在形式上产生了释式化语言："以境之奇怪论，则画不如山水，以笔墨之精妙论，则山水决不如画。"

一个景观规划设计任何一处景的"水晕墨化"都能引起人们视觉上的愉悦，捉摸不定的妙趣使景观"用墨"具有独特的审美形式，节奏明显，配合着跳跃的音符，更显得铿锵有力而不单调。

如果说小规模的景观规划可以比较"含蓄"，那么大尺度的景观规划则要考虑到充分展示视觉空间效果而不能平淡无奇。"墨法的形式感"使景观具有现代的审美性。书法以单色线条为表现对象，而景观由于色彩丰富多变，不同肌理材质的运用，呈现出内敛与外在直观的视觉感。一个景观的设计就像书法一样，要考虑空间的分布，在书法黑白里的不同表现，以及书法中点画、章法形式的不同表现，以显现出不一般的韵味。景观规划展示的线条变化是带有韵律性、时序性的，一个景观是否"贯气"直接影响到其艺术效果，景观中所有的技法因素都要受"贯气"要求的统领。北京的北海以白塔为主景，琼岛在浓郁花木的簇拥下形成优美的天际线，空间序列层次分明。它是人在水面上以及空中所望见的、在其中能感受到的景观天际线和景观面貌，不仅仅是一幅构图精美的平面画或一个令人观赏的模型。碧云寺利用高低错落的山体造园，相地合宜，产生优美深邃的景观。

在当今文化互动融合的时代，将书法艺术和城市景观设计理念相结合，通过对书法艺术的"再生"，创造出富有中国文化意蕴的设计作品。在设计艺术的开放与互动精神中发展，尊重文化差异和传统，用开放的头脑面对未来。合理地利用好书法的书体与笔法为景观艺术设计服务，更好地挖掘本民族的文化财富和艺术瑰宝，对城市景观设计具有重要的意义。

第四节　"跨界"手法

一、研究的意义

所谓跨界思维，就是了解与接收多种文化和方法，从多个角度分析问题、解决问题的一种思维方式。代表着一种新锐的思维特质。思想方面的自由，思维方面的灵动，犹如创意想法的源头，创新实践的灵魂。思想自由了，则目光远卓；思维灵动了，则脑洞大开。跨界必先拆除思想的禁锢、打破思维的界限。

运动健将可能是歌手，摇滚歌手也可能是个法式大厨，不想当个厨子的司机不是好裁缝，虽然这只是一句经典的玩笑话，却能较贴切地体现出"跨界"的特点。相信每个人都有很多专长，设计师更是如此，设计师本不应该局限于本身行业，更应该走出去，到不同的领域大胆尝试，艺术源于生活，而又高于生活，这句话同样适用于景观设计。设计师如果在别的领域学习、认识到新的事物，又运用到设计中，设计将变得更有趣、更生动，将得到质的升华。

二、研究的背景

国内景观第一人俞孔坚对中国景观现状的评价：景观设计是指通过对环境的设计使人与自然相互协调、和谐共存。它是大工业时代的产物、科学与艺术的结晶，融合了工程与艺术、自然与人文科学的精髓。景观设计学在国外已有百年发展历史，可在我国，这一理念才刚刚引入。在我国的教育体系中，还没有相应的名称和科目设置。姗姗来迟的工业化进程，还来不及培植中国现代景观设计专业。因此，我们与国外在设计思想和人才上的差距是很明显的；城市建设品位不高，先进的设计思想得不到体现；景观设计学的人才极度匮乏，相关的教育体系不完善。

三、国内外研究现状

近年来不断有人尝试融入各类元素，却意义不大。只有从思想维度转变应用，才能获得新的成就。例如贝聿铭的苏州博物馆，就把中国园林与公共建筑相融合。

国外在这个领域比国内早研究几十年，成就斐然。整个跨界设计在景观设计中的展现也不是单方面的，更多的是整个国家某个领域整体水平的展现，从技术到理论，从案例到分析。例如扎哈·哈迪德跨界设计鞋子、包包等。同样也可以有别的领域的成功者跨界来做景观设计。

四、"跨界"的产生及景观的概念

"跨界"的产生应该就是现有的发展观念停滞，进而演变出新的思维观念，是创新的结果，是偶然也是必然的结果。符合现在全球发展的趋势，使得一切事物的联系更加紧密，更具有共性。

汽车里有跨界车，跨界车的出现弥补了现有车型的不足，打开了一个全新的探索思维。工业领域有实用和概念产品，同样也是跨界的产物，把本身的和外界的相融合，生产让大家惊讶而又能接受、实用的好产品。设计方面的跨界案例更是多如牛毛，平面设计里有摄影和插画的跨界；建筑里有功能与元素的跨界；景观里有爱好和功能的跨界，这些作品被创造出来无一不具有独一性，且有点像量身定做的一样。所以跨界未来的发展趋势，将更全面、更成功。

俞孔坚说过，景观设计是一个综合的整体，我们虽然在古典园林上达到过巅峰，有过独领风骚的年华，但是景观设计学走进中国只有十多年，只能算是刚刚兴起，在没有成熟的景观体制下，国内普遍存在的文化丢失现象成为中国景观设计面临的严峻挑战，反映到景观规划设计中就是我们能发出自己文化的呐喊。中国土地资源丰富，自然人文景观资源极为丰富，这独有的环境需要景观设计师们去保护，去协调，从而创造出适合自己民族的，也就是中国独有的景观。

五、景观"跨界"的可行性及意义

景观和别的领域的跨界前景同样很美好，这样景观将比现在更加富有趣味、更加独立，好比产品的设计理念用景观设计表达出来，将更有独特性，且更能全面地表达出产品的风格。随着科技水平的不断发展，更多优秀的产品不断诞生，更使景观"跨界"设计得到更良性的发展，以前景观设计所出现的不足和问题都将得到解决、完善。景观的多方面"跨界"将使人们的生活更便捷，更具有针对性，人们的生活方式也会随之变得简单、高效，随着人们思想观念的转变，各领域都将发生潜移默化的改变，会产生像"多米诺骨牌"一样一系列的反应，最终量变引起质变。

六、景观"跨界"的风险

当然景观"跨界"设计也同样存在很大的不足，所以还是需要找到规律，来有效地规避风险。设计终究还是需要精密的理论做铺垫的，不能随意地不遵守客观事实，没有安全可言的设计根本不能说是一个成功的设计。如果一个设计连最起码的安全、美观、实用和经济都控制不了，就称不上优秀，甚至说它是个作品都有些勉强。

不管怎么跨界，上述要求都是绝对要遵守的，不然就是个失败的景观跨界设计。过于讲究形式和概念的领域不适合拿来做景观设计，不然做出来的也多是不切实际、不可行的景观跨界设计。

七、景观"跨界"的应用

当从事一项或某项方面的事情时，如果用自己以前的想法或独特手法来做景观设计，那么都可以称为景观"跨界"设计。好比一个音乐方面的人士，跨界来搞景观设计，把自己对景观的理解用自己熟悉的音乐方式表达出来，并且还受到了各方面的认可，这无疑就是个成功的景观"跨界"设计。所以很多行业、很多领域都是可以和景观擦碰出些作品的，现在世界的趋势就是相互融合、相互影响，相互之间的关联越来越密切，已经没有了什么确切的界定，只要可以，一切都有可能，只要人们接受、喜欢，就是成功的、好的。

有些行业是感性占主导，如艺术绘画、表演性、展示性为主的行业，不需要过多的规则，过多地追求视觉张力，达到很高的艺术效果，而有些行业却是以理性为主导，好比医生、工程师、程序员等一定要有理论作基础，并不可有过多的感性想法，这主要与他们参与事情的性质有关，绝对不容许有半点马虎，性质决定理性为主导，且不容许有误差的存在。这种领域较之感性更容易生成"跨界"景观设计，且实用性很强。

八、景观"跨界"对别的行业的影响和冲击

以设计群网为例，该网站是一家做第三方建筑设计的软件平台，也是最大的建筑类方案社区，为建筑师们提供一个创业形式的交流平台，为建筑师提供更多建筑设计展示和交流的机会，也可以从中获得更多建筑类私活，为消费者解决核心问题。

网站的定位是以绿色建筑设计为依托的方案交易平台。设计群作为专业性很强的原创设计方案为模式的交易平台，充分地利用了互联网海量的、快速的和相融合的信息，集合了十万多建筑师，形成一个庞大的建筑师原创方案交流社区，以设计师创新为核心观念，向广大消费者和社会提供了绿色建筑设计方案和服务交易平台。

这个是建筑师跨界互联网的例子，产品开始就吸引了很多想做私活改善生活的设计师，用设计专业的思维跨界到互联网，达到了资源整合的目的，使设计更加深入生活，更具参与性，打破

了行业垄断，净化了行业。

身为70后的创业者张弘，设计有百慧视觉、百慧建筑咨询、慧筑投资等产品，现在又把建筑行业跨界到了旅游和农产品电商等领域。张弘希望通过"318文化大院"这个产品使更多国人了解和体验全国各地的地域风情和传统文化产业。通过互联网的嫁接，使城市消费人群和乡村产业有更多的交流。让来到这些地方旅游的人们可以买到真正源产地的本土特产，而购买了各地特产的人们也会有想到乡镇中旅游的想法。同时文化大院也可以预订、入住、退房、购买产品，且这些都可以通过移动终端实现，整合很多方面的资源，从而实现一体化。

张弘的跨界能力在业内也算是家喻户晓了，可以从效果图制作跨界到建筑设计和房产开发，又到地方产业链重组，再到O2O经济。整个过程不难看出"跨界"的趋势和形式并不单一，各个行业的可融合性也很强，对别的行业的影响远比现在要大得多。

例1：建筑师扎哈·哈迪德为她的冰川造型的一系列家具新设计了凳子和碗。哈迪德的新液体冰川系列家具还将在伦敦梅费尔美术馆展示。新的透明亚克力家具设计完全遵循了她在2012年创造出的相似的咖啡桌和餐桌的形式。

哈迪德的另一个跨界家具—新"液体冰川"系列曲面想要模仿冰川融化的形态。凳子的水平部位则缓缓地侧入垂直支撑的立柱里，使得看上去像倾倒出来的液体。家具的表面被打磨得很光，使光线穿过材质时能发生折射，创造出缤纷斑斓的阴影效果。其中的一个凳子染成了蓝色，使人们联想到涟漪依依的水波纹效果，仿佛被时间冻结了一样。"液体冰川系列推动了材质使用的边界与创新的进步。是我们正进行的设计调查研究中的一个环节。"哈迪德这样说。

　　像哈迪德这样的著名建筑设计师，拥有一个敢于不断尝试的心和各种新奇想法，势必会把"跨界"推向一个新高度，并给他人跨界提供一个好的标榜。

　　例2：1999年，还是荷兰代尔夫特（Delft University of Technology）建筑学院的学生的莱姆·库哈斯（Rem. D. Koolhaas，大名鼎鼎的"大裤衩"设计师姆库哈斯的侄子，OMA公司建筑师），参与了OMA事务所伦敦Prada旗舰店的设计项目。当他拿出了一个自己设计想法的鞋子概念模型和Prada设计总监交谈时，对方便很惊讶于他的想法，说按他的设计理念完全可以创立一个新品牌。库哈斯在这款具有未来形式特征的鞋履中，运用了"one piece"的概念，即整个产品用一块无接头的整体的材质来做，新奇独特和实用性融合得很好，一推向市场便受到了市场的疯狂追捧。这款鞋有可能成为与密斯椅一样闻名于世的建筑师跨界产品。

　　经济与受欢迎度上的成功，促使莱姆·库哈斯2003年创立了自己的品牌United Nude，依然延续了其独有的建筑概念作为时尚的品牌理念。United Nude发展迅速，在时尚圈很快便占有了一席之地，使得越来越多的设计师，包括扎哈·哈迪德在内的新锐建筑师开始为此品牌来设计时尚品，并逐渐成了景观建筑师跨界的摇篮。

　　从这些例子中不难看出，跨界所带来的颠覆性的变化，将积极推动原有的传统行业及产品，推动传统行业革新，介绍新的理念、破除封闭的思维，进入一个高速发展的时代。

　　未来景观将不仅仅在设计里出现，景观设计将体现在生活的方方面面，和生活息息相关。可能融入电器、互联网、交通、建筑、工艺品等各个方面和领域，使得人们的生活方式、思维观念发生变化，和各个领域融合，使一切事物联系更为密切。

真正意义上的"跨界"并非涵盖得很全面，而这个"跨界"的范围则很广，几乎涵盖了迄今为止人类的所有学识种类。本文主要是针对景观建筑"跨界"的方向，通过别的领域对另一个领域的跨界实例，来引导跨界的作用、意义和影响，从而将别的行业向景观跨界的可能性及风险推导出来，使后续的景观跨界想法得以佐证，算是为景观跨界做个理论的铺垫，对景观"跨界"的前景加以肯定。本文结论一再肯定景观"跨界"的可行性，未来随着人们对"跨界"这一概念的普遍认识，将会有更多关于景观跨界的作品。一切发展都是从无到有的，相信景观"跨界"也必然会经历这一阶段，度过这一阶段，景观跨界会更加成熟，被大众接受并运用。

第五节　景观规划设计中的竖向设计

一、竖向设计的概念（垂直设计、竖向布置）

结合场地的自然地形特点、平面功能布局与施工技术条件，在研究建、构筑物及其他设施之间的高程关系的基础上，充分利用地形，减少土方量，因地制宜地确定建筑、道路的竖向位置，合理地组织地面排水，有利于地下管线的敷设，并解决好场地内外的高程衔接。

竖向设计的基本任务有：

（1）进行场地地面的竖向布置。

（2）确定建、构筑物的高程。

（3）拟订场地排水方案。

（4）安排场地的土方工程。

（5）设计有关构筑物。

二、竖向设计的原则

（1）满足建、构筑物的使用功能要求。

（2）结合自然地形减少土方量。

（3）满足道路布局合理的技术要求。

（4）解决场地排水问题。

（5）满足工程建设与使用的地质、水文等要求。

（6）满足建筑基础埋深、工程管线敷设的要求。

三、竖向设计的现状资料

（1）地形图—地形测绘图（1：500、1：1 000）（0.05～1.00 等高线）（50～100 m纵横坐标网）。

（2）建设场地的地质条件资料。

（3）场地平面布局—场地内的建、构筑物。

（4）场地道路布置。

（5）场地排水与防洪方案。

（6）地下管线的情况。

（7）填土土源与弃土地点。

四、竖向设计的成果

（1）设计说明书。

（2）竖向布置图。

（3）有关技术经济指标。

（4）土方图。

五、地面的竖向设计布置形式（场地平整程度、高差变化）

地面的竖向设计布置形式如图4-1～4-3所示。

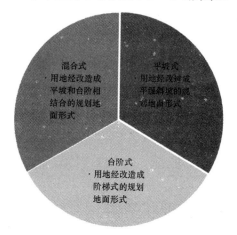

混合式
·用地经改造成
平坡和台阶相
结合的规划地
面形式

平坡式
·用地经改造成
平缓斜坡的规
划地面形式

台阶式
·用地经改造成
阶梯式的规划
地面形式

图4-1 竖向设计布置形式分类

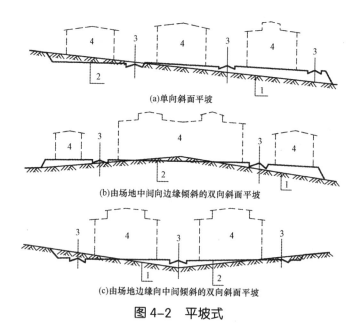

(a)单向斜面平坡

(b)由场地中间向边缘倾斜的双向斜面平坡

(c)由场地边缘向中间倾斜的双向斜面平坡

图4-2 平坡式

1—自然地面；2—设计地面；3—道路；4—建筑物

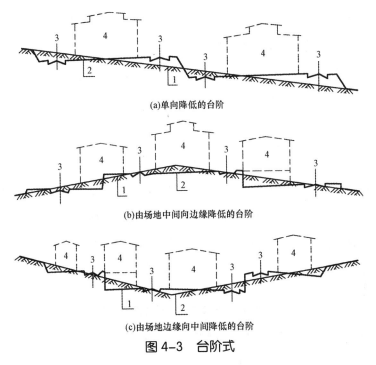

(a)单向降低的台阶

(b)由场地中间向边缘降低的台阶

(c)由场地边缘向中间降低的台阶

图4-3　台阶式

1—自然地面；2—设计地面；3—道路；4—建筑物

六、地面的竖向设计布置形式的相关内容

自然地面坡度划分为平坡、缓坡、中坡、陡坡、急坡（表4-1）。

表4-1　自然地面坡度划分

类别	数值	特点
平坡、缓坡	平坡：3% 缓坡：3%～10%	小于5%的缓坡地段，建筑宜平行于等高线或与之斜交布置，长度不超过30～50 m
中坡	中坡：10%～25%	道路宜平行于等高线或与之斜交布置陡坡、急坡
陡坡、急坡	急坡：50%以上 陡坡：25～25%	不宜大规模开发

1. 台阶式布置

（1）台阶的尺寸：容许宽度。

容许宽度：$B = (175 \sim 180 \text{ mm}) \times H_{填}/i_{地} - i_{整}$

一般整平坡度应在0.5%～2%。

（2）台阶的高度。相邻台阶之间的高差称为台阶高度。台阶高度主要取决于场地自然地形横向坡度和相邻台阶之间的功能关系、交通组织及其技术要求。台阶高差一般以3.0～4.0 m为宜（最高4.0～6.0 m），以免道路坡道过长、交通组织困难并增加挡土墙等支挡结构工程量。台阶高度也不宜过低，一般不小于1.0 m。

（3）按降雨量划分台阶高度（表4-2）。

表4-2　按降雨量划分台阶高度

年平均降雨量 /mm	每个台阶的分台高度 /m		备注
	一般黏性土	黄土	
＜ 250	—	12	
250 ～ 500	10	10	
501 ～ 750	10	—	
751 ～ 900	8	—	

（4）台阶与建、构筑物的距离。位于稳定土坡坡顶上的建筑物、构筑物，当基础宽度小于3 m时，其基础底面外边缘至坡顶的水平距离不得小于2.5 m。

2. 护坡和挡土墙

护坡是建筑在边坡上的附属工程，是起保护边坡不被雨水冲刷或边坡绿化作用的，而挡土墙是为了保护高路基减少放坡或保护河道，它们之间没有特别的关系，有的护坡底角(力点)作用在挡土墙上，它们可以是单独的，也可以互相帮衬，但护坡必须在边坡上。

（1）挡土墙。挡土墙是防止路基填土或山坡岩土坍塌而修筑的、承受土体侧压力的墙式构造物。

常见的断面形式有以下几种：直立式、倾斜式、台阶式、重力式、悬臂式。

（2）挡土墙、护坡与建筑的最小间距应符合下列规定：

① 居住区内的挡土墙与住宅建筑的间距应满足住宅日照和通风的要求。

② 高度大于2 m的挡土墙和护坡的上缘与建筑间水平距离不应小于3 m，其下缘与建筑间的水平距离不应小于2 m。

（3）挡土墙的形式及选择。

① 使墙背土层压力最小，其中仰斜墙的主动土压力最小，而俯斜压墙主动土压力最大，垂直墙主动土压力介于前两者之间。

② 按填方要求看，当边坡挖方时，仰斜墙背与开挖的边坡紧密地结合，而俯斜压墙背则需回填土。

③ 当边坡填土时，仰斜墙背填方夯实困难而垂直墙与俯斜墙夯实较容易。

④ 墙前地形平坦时，用仰斜墙较合理，墙前地形较陡时，用垂直墙较合理。

（4）挡土墙的基础置埋深度（表4-3）。

表4-3　挡土墙的基础置埋深度

基底岩层	H/m	L/m
石灰岩、砂岩、玄武岩等	0.25	0.25～0.50
页岩、砂射 交互层等	0.60	0.60～0.15
松软岩石等	1.00	1.00～2.00
砂混岩石等	＞1.00	1.50～2.50

（5）挡土墙排水措施（图4-4）。

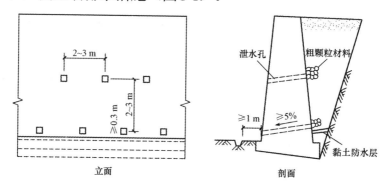

图 4-4　挡土墙排水措施

（6）挡土墙的加固（图4-5）。

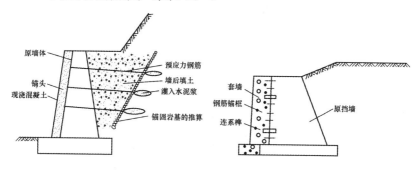

图 4-5　挡土墙的加固

3. 边沟和排水沟

边沟设置在挖方路基（路堑）两侧，排水沟设置在填方路基（路基）两侧。功能和结构基本相同，排水沟尺寸会略大一些。边沟是排水量小的地方，是路基边缘的排水沟，主要用以汇集和排除路基范围内和流向路基的小量地面水；排水沟是将边沟、截水沟、路基附近的积水排到桥涵处或路基之处的天然河沟里的水沟。

七、竖向设计的方法

（1）高程箭头法。

① 根据竖向设计的原则及有关规定，在总平面图上确定设计区域内的自然地形。

② 注明建、构筑物的坐标与四角标高、室内地坪标高和室外设计标高。

③ 注明道路及铁路的控制点（交叉点、变坡点）处的坐标及标高。

④ 注明明沟沟底面起坡点和转折点的标高、坡度、明沟的高度比。

⑤ 用箭头表明地面的排水方向。

⑥ 较复杂地段，可直接给出设计剖面。

（2）纵横断面法。

① 绘制方格网。

② 确定方格网交点的自然标高。

③ 选定标高起点。

④ 绘制方格网的自然地面立体图。

⑤ 确定方格网交点的设计标高。

⑥ 设计场地的土方量。

（3）设计等高线法（图4-6）。

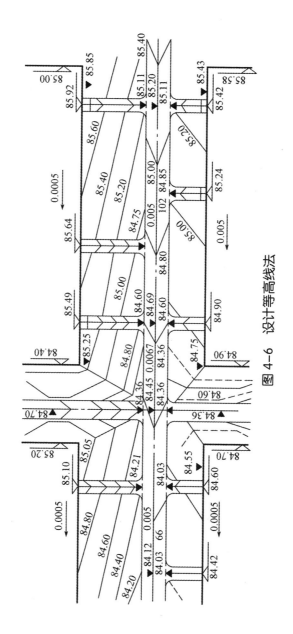

图 4-6 设计等高线法

八、土石方与防护工程主要项目指标

土石方与防护工程主要项目指标如表4-4所示。

表4-4 土石方与防护工程主要项目指标

序号	项目		单位	数量	备注
1	土石方工程量	挖方	m^3		
		填方	m^3		
		总量	m^3		
2	单位面积土石方量	挖方	$m^3/10^4m^2$		
		填方	$m^3/10^4m^2$		
		总量	$m^3/10^4m^2$		
3	土石方平衡余缺量	余方	m^3		
		缺方	m^3		
4	挖方最大深度		m^3		
5	填方最大高度		m^3		
6	护坡工程量		m^3		
7	挡土墙工程量		m^3		
备注					

九、坡面

1. 非机动车车行道规划纵坡与限制坡长

非机动车车行道规划纵坡与限制坡长如表4-5所示。

表4-5 非机动车车行道规划纵坡与限制坡长

限制坡长 /m 坡度 /% ＼ 车种	自行车	三轮车、板车
3.5	150	—
3.0	200	—
2.5	300	—

2. 城市主要建设用地适宜规划坡度

城市主要建设用地适宜规划坡度如表4-6所示。

表4-6　城市主要建设用地适宜规划坡度　　　　　　　　%

用地名称	最小坡度	最大坡度
工业用地	0.2	10
仓储用地	0.2	10
铁路用地	0	2
港口用地	0.2	5
城市道路用地	0.2	8
居住用地	0.2	25
公共设施用地	0.2	20

3. 建筑物与地形坡面的关系

建筑物与地形坡面的关系如图4-7所示。

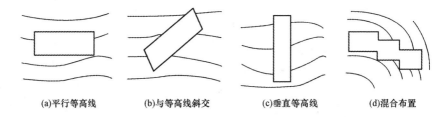

(a)平行等高线　　　(b)与等高线斜交　　　(c)垂直等高线　　　(d)混合布置

图4-7　建筑物与地形坡面的关系

4. 建筑物结合地形布置的方法

建筑物结合地形布置的方法如表4-7所示。

表4-7　建筑物结合地形布置的方法

布置方法	使用范围	特点	相关参数
提高勒脚	缓坡、中坡	将建筑物四周勒脚高度调整到同一标高，垂直等高线布置（＜8%）平行于等高线（10%～15%）	1.2 m
筑台	缓坡、中坡	建筑物垂直等高线布置（＜10%）平行于等高线（12%～20%）	—
跌落	4%～8%	垂直于等高线布置时，以建筑单元或开间为单位	—

续表

布置方法	使用范围	特点	相关参数
错层		建筑物垂直等高线布置（12%～18%） 平行于等高线（15%～25%）	—

十、建筑物室内外地坪高差

建筑物室内外地坪高差如表4-8所示。

表 4-8　建筑物室内外地坪高差

建筑类型	最小高差 /m	建筑类型	最小高差 /m
宿舍、住宅	0.15～0.45	学校、医院	0.60～0.90
办公楼	0.50～0.60	沉降明显的大型建筑物	0.30～0.60
一般工厂车间	0.15	重载仓库	0.30

十一、道路交叉口的处理

道路交叉口的处理如图4-8所示。

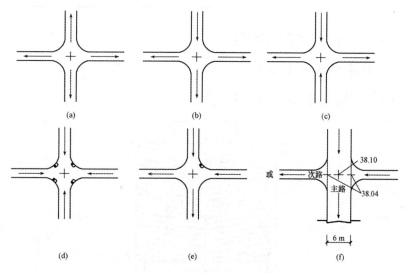

图4-8　道路交叉口的处理

十二、场地雨水的排水方式

场地雨水的排水方式如图4-9所示。

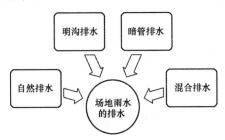

图 4-9　场地雨水的排水方式

各种明沟沟深和纵坡度要求如表4-9所示。

表 4-9　各种明沟沟深和纵坡度要求

明沟类型	Δh 最小值 /m	H 最大值 /m	H 最小值 /m	最小纵坡 /%
梯形明沟	0.15	0.2	1.0	3
矩形明沟	0.15	0.2	1.0	3
三角形明沟	0.05 ～ 0.10	0.2	1.0	5

十三、广场基本形态

1. 单脊广场基本形态

单脊广场基本形态如图4-10所示。

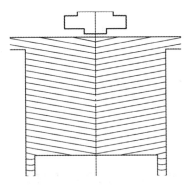

图 4-10　单脊广场基本形态

2. 双脊广场基本形态

双脊广场基本形态如图4-11所示。

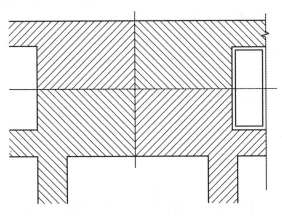

图4-11　双脊广场基本形态

十四、处理好填、挖关系。

（1）多挖少填。

（2）重挖轻填。

（3）上挖下填。

（4）近挖近填。

（5）避免重复填挖。

（6）安排好地表覆土。覆土顺序一般为上土下岩，大块在下，细粒在上；酸碱性岩土在下，中性岩土在上；不易风化的在下，易风化的在上；不肥沃的土在下，肥沃的土在上。

十五、土方工程相关问题及余土计算

1. 土方工程的其他相关问题

土壤经过挖掘后，土体的原组织结构破坏，其体积必然增大。只有经过一段时间后，由于上层土压的作用和雨水浸润，或经过夯实后，土壤颗粒再度结合，才能基本密实，但仍不能把挖松的土壤夯实到原来的体积。

2. **基础、道路及管沟的余土估计**

（1）建筑物、构筑物、设备基础的余方量。

（2）地下室的土方量。

（3）道路路槽的余方量。

（4）管线地沟的余方量。

第六节　景观设计控制手法

随着社会经济的发展和中国园林设计行业的需求增长，项目建设工期紧，工程设计和施工安排倒排，导致设计环节的审查不够；施工队可能没有与项目匹配的施工经验，缺乏高技能的技工；同时，由于设计和施工的脱节，建造者未必能理解景观工程师的设计意图，设计者未必能在现场掌握调整设计和控制施工效果，虽然问题正在逐步解决，但根本问题依然存在，即景观施工效果的粗糙与偏差。

一、景观设计与施工控制对景观设计的影响

景观设计是对整个地球环境的创造，是与周围环境、建筑、自然生长节奏相关的动态过程，岩石、地形、景观设计绿化和景观建筑及构件是构成景观的三要素，细部设计和施工质量是收获更好成果的关键。从历史的角度看，中国人已经建立了一个精致的艺术世界，如著名的苏州花园世界。

二、景观工程设计与施工是最常见、最令人烦恼的问题

设计施工过程中的质量控制是景观工程施工中的薄弱环节，加强设计理论，结合创新与施工技术，更熟悉现场，在避免闭门造车的前提下才能更好地实现愿景。一个好的设计，如果在施工过程中无人专门推动设计意图或实际施工技术，则不能完成设计意图，再加上紧密的日程安排，建立的效果就会被混淆。这已造成开发商在经济和形象方面不可估量的损失。

施工与设计脱节的问题在园林工程中尤其突出。建筑设计是严格按图施工，但景观设计是一种理念和愿望，人们不同的观点和实际的景观已经远远超出了绘制二维或三维设计图的表达范围。景观建设实际上是一个设计和再创造的过程，同时，景观设计涉及一个大的地理区域，涉及许多类型的工作，如果在设计和施工中，各种因素之间的充分协调不在现场进行，施工单位根据图纸施工的效果也没有被设计人员和甲方确认和修改，就会偏离设计师和甲方的想法，会产生一些不理想的项目。

三、选择优秀设计单位是项目成功的前提

大型景观工程涉及的地域范围广、专业多，有植物绿化、景观、建筑、小品雕塑、水环境、夜景照明、强弱电、给排水、喷灌系统、导向标识、户外家具以及舞台机械、灯光、音响等十几个专业，因而设计单位的设计创意能力和大型城市公园设计经验，对整体景观效果的把控能力，对细部设计的精细程度，以及对相关专业整合控制能力来说显得尤为重要。在方案招投标过程中选择好的投标方案是一个方面，这个阶段是概念方案设计阶

段，对设计单位上述素质的考察，对方案整体和细部效果及设计深度的关系处理是更应该关注的方面。

四、专业素质高的施工单位是项目成功的保证

园林施工单位应具有较强的设计强度，对景观主题的深刻认识，有利于创造主题景观吗？站点建设过程中的问题要解决吗？景观施工工人不是普通工人，应该是工匠，他们有能力重新创造艺术吗？这些都是要考虑的问题，因此，招标、施工单位的经验、类似工程施工质量、施工技术力量、施工设计、管理思想和措施等都是重要指标，而价格应作为二次指数。

五、设计监理是连接设计与施工的重要组成部分，是项目成功的关键

为了解决触控设计和施工问题，确保设计效果，可以借鉴国外工程建设经验，专门邀请工程专家作为项目的实施设计监理，在完全明白并消化设计意图后，参与施工全过程、现场设计和施工效果的控制，最终保证施工达到最佳的设计效果。

要向施工单位准确传达设计意图，从计划到施工图阶段，设计师只是反复向甲方汇报设计意图与设计效果，施工单位并没有得到所有的设计信息。设计监理参与施工的第一步是阐述原创设计理念，说明设计目标和理想效果，从而鼓励施工人员设计理想的目标。

根据项目的具体情况，对施工组织的设计进行评审和修订，设计和监督，调整和修改，由施工单位的施工组织提供经验，确保它满足施工进度与操作，例如保证生长期的植物多，按要求的施工顺序调整，先种树；另一例为树全冠移植，对于树的维护和

保护的具体可行的施工组织措施，设计监理要仔细地研究，并提出了一些改进的建议，作为指导方针。

人工地形对景观工程的影响是非常重要的，它会直接影响到工程的总效果，它在营造一个诗意的人造自然空间中起到非常重要的作用。虽然有明确的高程点和等高线地形图，但设计微调会使地形设计达到完美。

绿色控制与栽植是另一个非常重要的景观空间，可以创造环境要素，并随着时间的增长，植物的生长更加完美，对主要景观树影响较大，设计监理应与施工单位共同寻找和确定苗木的来源和品种。质量和主要树木的划分，特别要注意道路广场、物种、形态、大小、分支点一致或要求的树木排列形式要规整。施工除按严格的施工方案根据设计要求进行树型、卫生、种类核查外，还可采取登记验收、合格证形式，不符合要求的，坚决不予进场。

完善设计细节，注重把握空间尺度，细节决定成败，作为成功的景观设计，每一个细节都要仔细衡量。目前，计算机可以用一个非常逼真的三维图像来表达设计意图，但在现场，所观察到的场景是四维的，设计师的想象力和空间将不受各种限制，并结合个人的经验，将发现许多新的和重要的设计条件和机会。

在月湖的景观施工设计完成后，要对植物搭配、配套建筑的尺度、灯具选型等多个方面反复进行研究，努力使其更完美，尤其支持具备规模的建设，早期的设计只考虑建筑本身的功能和外观，协调周围的景观和植物的搭配不能得到真正的重视。在形成一定规模的绿地后，与地形之间的关系无法很好地体现出来。因此，要按照比例，在现场研究量的关系，并最终确定建筑造型，真正使建筑和景观、灯具、标牌等融合，要注重景观和生态效应的协调。

　　设计监理要配合甲方、设计单位、施工单位、监理单位对材料样品、模型施工认真审核，以达到设计效果。经过确认的样品、模型作为后续的控制标准。1：1比例的实验模型要一直保留，作为所有施工人员应达到的标准模型，并作为接收的标准。在同一时间，站点的所有非公认的模型应该被破坏，避免与正确的模型混淆。

　　注意保护建筑环境，在施工过程中，往往认为施工环境保护是一件小事，因此，设计专家的监督是非常重要的，要保持认真、严谨的工作态度，尊重生命，珍惜劳动成果，以确保项目的成功。

　　一个成功的城市园林绿化工程凝聚了各方参与智慧和劳动的结晶。除了项目组织和开发商，更重要的是设计与施工密切协调，精益求精，精工细作的工作态度，有一个共同的项目和对理想的追求。设计和施工中的每一名员工配合工作，设计要深入现场解决问题，施工方走进办公室。对设计和施工单位要精心选择，监理是从设计到施工一个重要的桥梁和纽带，是值得交流的景观设计管理方法。

第五章　景观规划设计的延伸研究

第一节　景观规划设计的美学思想

一、困惑与问题

随着我国经济结构变化的速度加快和人们审美观念的变化，经典空间美学原则的功能形式受到前所未有的挑战，在中国独特的社会发展过程中，审美观念的空间将呈现多元并存的局面，空间的审美观念、意识是历史的变化，这种变化是由中国独特的发展状况和经济全球化趋势所决定的。历史性的融合与旧区景观空间的美学原则置换，这种融合、置换将是世界各国家之间、城乡之间和不同文化或地理单元之间的交叉融合，这种发展趋势日益明显，即将开启以自然生态景观审美为目标的"生态景观审美"模式。

21世纪，各行各业都有了新的期待，接受新世纪思想的沐浴、挑战。但与此同时，生活环境问题也越来越严重。生态环境与经济社会发展的综合性问题日益突出。为了适应这样一个巨大的变化，规划和设计应该牢牢把握时代脉搏，对社会发展和变化做出合理的警告和对策。对规划设计的概念也应做出相应的变化，不仅要解决当地人口与地区之间的矛盾，还应着眼于对地球环境的全面改善。20世纪，西方工业设计革命掀起了一股狂热的思潮，阐释了现代意义上的空间环境设计美学，并促进了社会的发展，影响了一整个世纪，在人类文化的进化史上写下了光荣的一页。21世纪，当许多人面对自己的文化发展极为负面地影响了社会经济的发展和生活环境时，要如何续写新的篇章呢？人们提出了革命性的"激活"或新的规划理念来协调各种矛盾，在新的设计思路和思考层次上，我们应该如何高度重视战略思维的规划呢？新世纪的规划与设计创新在哪里？发展趋势是什么？这一系列问题一直困扰着新一代的规划设计师。

二、思想的交融

随着知识和信息时代的到来，传播已变得相对容易，社会发展的步伐也成倍加快，伴随着巨大的社会需求变化和每个个人和集体的相应变化，新的社会和经济、环境模式应符合什么样的规划和设计理念是本文关注的问题。笔者认为，在规划设计美学思想和知识经济时代，信息、文化与生态已不再适应长期以来一直被视为"黄金法则"的审美空间功能及形成比例原则。这些原则的复杂多变，使人的头脑变得模糊、混乱和丰富多义……在面对千篇一律的城市风格建筑时，担心食品和服装的人终于发出了很多疑问。原始、自然、多义、丰富、混乱、模糊的原生态景观和农业文明的人工景观重新以一个巨大的天然野生的态度赢得很多人的感激，机器和工业文明不再主宰人们的审美选择。随着郊区和农村的工业化，我国的空间审美意识、经济和文化在不同条件下形成一个巨大的差异，这种差异反映了相互融合、共存的奇异状态，或者是一个水火不相容的状态，或反映了一个更纯粹的工业文化和农业文化，或作为一个纯粹的状态是非常流行和前卫的，有时它还体现出一个传统和谐的原生态。然而这样一个复杂的空间审美状态，基本上都有更加清晰的收敛性，是各种文化和生态状态的理想景观模式，我们简单地称为"理想景观生态美学"。理想景观生态美学是对原生态景观美学的抽象化，是人类先进文化的科学技术状态，可以适应自然生态需求和高技术的文化需求。它是以原生态山水审美为基本出发点，关注人类各种历史时期的感情生活、科技文化、历史记忆，包含了工业时代的比例、尺度空间形态的原则，也是从宏观角度和个体层次上强烈反对单一产业文化空间审美的一种审美观念。

　　这些矛盾、思想在我国所有的思想状况中是非常具体和现实的，随着经济全球化的趋势进一步加强和国外强大思想的注入，使我们必须事先做出综合，与自己的国情和文化观相符，共同面对世界文化，只有拥有自己独特的思想和文化观念，才能面对来自世界的影响，成为世界文化的重要成员。例如，我们不能在经济全球化的时代，反吸收美国或英国、德国的文化来面对这些国家的文化竞争。因此，在我国，思想观念在一定时期内会有复杂的变化，这是我国对外文化发展的历史必然性。中国经历了漫长的农业文明时代，我们的文化理念与全人类高度和谐。在工业时代，农业生态观念深厚的中国人无法适应，所以在19世纪以来的100多年里，我们的经济大大落后了。然而，当人类文明跨越工业时代进入信息时代后，中国传统农业生态文明的思想有了巨大的契机，思想的和谐、哲学的实际发展也将再次得到重视。可以预见，规划和设计美学的主流意识形态必然与功能性的美学原理和景观生态审美观的更替相融合。但这并不意味着其他的美学思想会消失，相反，它会更加细腻、富有特色，但已不再是一种普遍的标准和原则。传统农业文明的民族基础决定了基本的空间审美，城市文化的快速发展决定了城市空间的空间面貌，一个文人的官方文化决定了艺术观念空间的虚无与幻想，缺乏实践操作，经济全球化的浪潮使现代发达国家的现代文化呈现猖獗的趋势，科技社会中的原生态文化和自然生态已逐渐被遗忘，城市文化的第一个重要发展是认识到可持续发展的重要性，中产阶级在城市中创造一个舒适的生活空间的欲望变得强烈，这是必要的，但不是大城市空间的趋势，超城市空间的审美追求成为日益突出的话题。

三、景观审美观念的整合与抽象

经济的繁荣必然导致文化的繁荣，这是人类历史发展的客观规律，中国的社会经济发展进入了新的起点，面对新的经济全球化、文化模式，整合和完善思想是必然的，其中农业文明的审美化、生态化发展的理念和东方的古代哲学形成了互补的关系，所以中国的景观生态美学特别是在发达地区，形成了先锋的审美观念，并与科学技术的发展取得了高度的和谐。

总体而言，空间规划和设计的文化审美观将以三种类型的趋势作为新世纪景观美学的基本模式：

1. **乡村田园审美观——农业文明的审美观**

童叟闲适、麦香稻花、田园风光、桑麻之乐是农业文明时代典型的景观，景观功能观念并不会结束农业文明，它作为一种典型的文化和自然景观的结晶将永远留在人类的记忆中。

2. **简约主义美学——工业文明的审美观**

工业文明的标志是机器审美的兴起，一切都在工业文明时代变得如此丰富、规则、简洁，经济功能的原理都是人类创造的，因而变得简洁而富有想象力。

3. **景观生态审美观——生态信息文明的审美观**

景观生态审美是整体的审美观念，它不是一个纯粹的视觉形式，作为美学原则，也不是以生态生活为主要内容的，而是集合这些元素，其核心内容是生物物种栖息地的和谐理念，在此基础上测试焦虑的人的空间，但不是完全以人为本的景观空间，而是一个令人愉快的生态环境和人类空间的融合。

美国著名学者唐纳德·德沃斯提出所谓的自然环境包括人类自然生态的自然习性，即"技术环境"，这是人类文明的产物。是英美法系国家18世纪以来的生态学思想，贯穿于两种对立的自然观中：一种是阿卡狄亚式的，一种为帝国式的，"前者是以生活为中心，以自然为人类需要尊重的合作伙伴；后者则是以人类为中心，以自然作为人类需求与资源利用来源"。

自工业革命以来，帝国主义的生态思想长期占有绝对优势，在长期的工业化过程中变得绝对与极端，从而带来了生态环境的巨大不平衡。在任何情况下，它与所有整体观念生态学思想都不符合。在新世纪的开始，许多国际机构和国家都提出了可持续发展战略，这是思想和理念的最终体现，规划和设计的思想转变是一种社会和经济发展、人类的审美和文化发展的需要，这是一个不争的事实。然而设计、管理和决策的机构很长一段时间似乎都在使用简单、静态的空间功能，形成审美观念来创造、判断一个世界顶端水平的蓝图。难怪当我们面对粗糙、呆板、无生气的场景空间只能相互抱怨、相互怀疑，这无端激起了中国人的自信心和民族自豪感。标准的思考是一种资源的综合浪费，这才最可怕！因此，分析规划设计教育中的优势与劣势，以及交流思想和理念，并指出当前的形势和发展趋势，是非常重要的。笔者认为，目前我国在工业文明与信息、生态、科技文明、农业文明与发展以及经济全球化的特定历史时期，认真分析和了解中国的规划设计理念和国家的发展趋势是不应推迟的。

第二节　湿地景观规划设计中的文化要素

本书以中山市和穗湿地公园为例，阐述湿地设计中的文化要素表达方法。

一、项目背景及现场调查

"东风镇"为"河城"和"过渡性湿地"创造了公共空间，有利于自然水域的生态环境的改善、保育和维修，保持良好的生态环境和适度的范围，让人享受和体验具有科学研究意义的公共空间。

和穗湿地公园位于东风镇东方精品馆，状似在浅滩游泳的鱼，整片规划土地属于堤海滩区，改善了周围的主要道路网络，是中山市最大的人工湿地公园。

二、文化表现形式在景观规划设计中的表现

湿地公园景观规划设计以文化表现形式主要对主题公园、公园的开发利用方向以及公园景观三个方面进行分析。其中，主题是以休闲的形式营造文化氛围，围绕娱乐、园区内的一切色彩、造型，形成易于辨认的特点和园林的线索。园区开发和利用的方向如设计过程中尽可能保留自然遗迹，或使用一部分或大量的工程措施，以改变决策者的态度。园林绿化是通过园林设计、景观小品、建筑风格等形式的建筑，突出文化美。

三、湿地景观文化表现类型

1. 自然、生态、可持续发展的湿地景观文化

湿地景观设计不应简单地等同于一般的滨水景观设计。优秀

的湿地景观设计应综合考虑其生态系统的健康状况。没有生物多样性参与的湿地就没有生命力。在湿地景观设计中，需要建立一个完整的湿地生态系统物种组成群落结构，同时考虑湿地生态系统的良性循环和城市公共服务的总体目标。

2. 历史、文化湿地景观

在岭南的文化中，龙舟赛是从古代南方的传统继承下来的。"水任器而方圆"已成为对岭南市民的最佳诠释。随着历史的发展，岭南龙舟文化将与一些民间传说和民俗活动相联系，形成端午节民俗活动。这项运动多年来在世界上传播，影响了许多国家和地区。

东风镇"五号飞船"项目，实际上是由中国传统的龙舟演变而来的，东风镇人民的龙舟运动已经流线化和非常精练。2012年，五人龙舟被列入中山市非物质文化遗产，成为一种法律意义上的民间遗产。近几年，连续十个"五号飞船"开放，吸引了70多个小镇内外的团队参加龙舟比赛，每一场比赛有近一万人观看，成为一个主要的本地活动。

"民族文化的根基，一种精神文明的传承，需要载体。这种无形的东西，即我们常说的民俗文化，依存现有的建筑和其他物质载体而存在"，和穗湿地公园承担这样一项神圣的使命—以"五飞艇竞争"为主题的民俗活动作为文化的载体，不仅丰富了附近的居民生活，还提供了传统文化的历史遗产。

湿地公园是一个具有深厚文化内涵的景观，岭南文化在充满回忆的景观中具有深厚的历史痕迹。公园的展示区将是普通百姓生活中的片段，或是民间流传的传说，和穗湿地公园承载着东风镇的文化历史，描绘出一道亮丽的风景长廊，是一个集人性化、生态化、科学化和教育于一体的城市景观。

3. 科普、教育、湿地景观文化

我们应该更加重视生态价值和环境教育价值，追求湿地的审美价值和游憩价值。湿地并不意味着通常意义上的海滨或滨水景观。它是一个完整的生态系统，有一个完整的物种群落结构，它供应给人类的生态系统服务也应该是完整的，通过设计指导、环境教育，改善人与自然的关系，是湿地景观文化中最重要的组成部分。

4. 湿地景观文化的美学观点

湿地公园景观设计的审美文化，应体现公众的审美需求。湿地景观设计的概念包括设计美学的角度，设计的思想、美学和价值观等一系列手法。

和穗湿地公园规划坚持生态功能，把保护和恢复放在第一位，避免了湿地景观的破碎化，尽可能保留桑基塘路，进行人工干预，开放整个园区。

四、湿地公园规划设计中的文化因素

1. 自然生态水系

湿地公园附近有古朴的风景、丰富的河流和湖泊、丰富的味道、丰富的植物。水不仅是整个湿地公园文化景观的基本载体，也是景观的主要组成部分。在鱼眼的人工湖是点睛之笔，是根据一个大面积的开放式池塘雕刻的，随后的桑园反映了自然的湿地公园，这些归因于自然的"道"文化。

2. 人与自然景观单元相结合

人工湖、文明林、天后宫、荷花池形成了一个个不同的景观单元。"文明林"是中山市"森林围城"的主要项目之一，"绿色行动"体现了追求和谐生活的文化内涵。天后宫是对妈祖的崇拜和尊敬的人的寄托。这些景观单元或利用自然风光，或依靠文物，反映一系列的观赏主题和情感的相关性，并作为湿地公园文化的支撑要素。

3. 龙航观景区（"五号飞船"）

"飞艇竞争"是整个湿地公园最具影响力、最有价值的核心要素之一，它是自然与人的结合。"五号飞船"提供了一个中心网站观看龙舟赛的主题广场，可提供300个座位。广场北侧为龙舟文化博物馆展示区，反映了当地的龙舟文化。

4. 特色植物

利用当地丰富的植物资源，用简单、大气的园林景观营造出一种亚热带的景观风格。在湿地中种植荷花、荇菜、茭白、莼菜、芦苇等具有净化水质作用的水生植物和开花植物鸢尾、千屈菜、浅植柳、马蹄莲，为水鸟提供庇护所；保留原有的柑橘、荔枝园，增加人工蜂巢等元素，创建一个返璞归真的田园风光。高大挺拔的树木形成垂直线；植物的底部形成一个清晰的层次结构，有一个区域的分布，突出了不同颜色的协调。

湿地公园景观规划与设计蕴含着独特的文化内涵，营造了独特的湿地景观。在对原始湿地和野生动物保护的基础上，合理控制人工湿地的设计，通过模拟自然萃取物的精华，将当地历史文化和湿地保护与利用相结合，更加激发了当地人们的归属感和责任感，湿地公园景观更加丰富和完整地反映了教育的审美价值。

第三节　数字技术在景观规划设计中的应用

在设计实践中，人们需要设计可预测性和大量的图形和信息技术来表达意向性的景观设计，在建立之前，可以看到设计效果，及时根据功能需要、艺术、环境条件等因素进行修改，以利于领导或甲方提出建议和决策。随着数字技术的飞速发展，计算机已成为不可或缺的工具，将数字技术应用于景观设计，很好地解决了以前图纸修改困难、表达不直观，并在完成后造成很多遗憾的问题。数字景观设计近几年被广泛使用，并将计算机信息技术的处理和景观艺术的处理有机地结合起来，形成了数字信息技术在设计中的应用。

（1）建立数据库。采集状态信息的景观设计与城市设计类似，首先根据现有的地形图和数据库及信息技术，调查和收集现状信息，包括周围环境、现状的历史遗迹和对历史感兴趣的地方。采集状态信息时，用照相机拍照，然后通过扫描传送到计算机（这往往会失去部分信息）。现在使用数码照相机来拍摄目前的情况，效果立即可见，不满意可重新拍照（不浪费胶片），所捕获的图像存储在数据中，可以直接传送到计算机，可减少信息的丢失。也可以使用数字摄录机现场录制，将计算机可以识别的信息数据传输到计算机，通过记录程序easyBCD等软件处理后，以真实再现的形式输出动画。根据目前地理位置的地理图像及周边环境，确定东、南、西、北，以树为过渡空间，环境良好。可相互借鉴设计思想，加快设计速度，节约设计成本。

（2）三维造型。显示三维效果的任何一种建筑设计都是为了满足物质和精神的需要，利用某种物质手段组织一个特定的空间。在设计、使用和改造自然景观或人造景观方面，结合种植与建设的厂房布局，构成了一个供人使用、居住和观赏、游憩的环境。将收集回来的信息变成计算机信息，作为背景或衬底，进行项目初步设计的设计人员，根据功能需求、艺术、环境条件等因素，设计大纲的意图（概念）。再由数码制作人员，根据设计意图和二维图形设计师AutoCAD格式的设计，变成标准的数据文件格式，转换到现代先进的三维建模软件3ds或3ds MAX等中。初步的三维粗坯生产模式可以处理环境分布和空间分布的关系，确定设计理念，在作曲技法的艺术上考虑统一与变化，遵循尺度、比例、平衡、对比等原则。

同时，景观建筑与景观空间占用时间、色彩、造型以及有声有味的立体空间塑造，它与其他一般建筑相比，需要更多的意境。通过数字计算机虚拟现实技术，将概念和计算机多媒体技术相结合，相互补充。此外，园林艺术是有创意的，在艺术的表现上，迫切需要设计的可预测性，设计师希望在不建时可以看到设计效果，并能及时修正，适时、适当、明确地表达景观的设计意图，以设计为参考。信息技术的飞速发展、强大的三维建模和渲染及动画功能，给景观设计创造了一个良好的环境。如福州电视中心广场的雕塑设计，就是采用三维建模软件3ds MAX制作的，通过对几种方案的比较、计算机仿真漫游、多角度观察，最终确定一组雕塑水景观的视觉中心。

（3）设计反馈。确定设计空间关系人员根据计算机虚拟现实技术的空间分布图，结合当地环境、历史遗迹和遗址的深层园林布局，通过查看计算机虚拟现实的嵌入环境，综合考虑规模和比例。要考虑功能的需求、对艺术的要求、环境条件等因素，通过综合思维来产生总体设计意图。如福泉高速公路莆田段景观设计，其中鳌山服务区在公路进入莆田市的第一景观区内，是流动的景观，是一个静态的风景。妈祖是海上和平女神，是莆田重要的文化遗产，也是重要的文化景观。在有限的地域内，通过计算机仿真考虑雕像的位置和大小，最后将妈祖雕塑设置在北侧的主要公路上，南方面临大海，喻示着妈祖庇护和保佑海上渔民和过往车辆、乘客的安全。在马祖广场周围绿色为主的草坪和叶色的灌木及塑料厂，种植修剪组合成一个富有节奏感的波浪纹植物组合和妈祖的海上女神的创作背景。

根据设计人员修改意图材料，提高数字制作人员的艺术感染力，可以使用嵌入在Lisp语言的AutoCAD软件，科学计算和数据处理分析完成后，还可以使用3ds或3ds MAX软件建模，具有精确的三维建模工作，颜色质量、颜色和纹理的处理功能，考虑到该地区的景观，如福州南部的风光对园林空间的艺术感染力；闽江大桥南立交桥环境设计，利用花坛、花卉等形式的强烈流动的动态模式，通过电脑显示，呈现了图案的美感。分析现代城市景观的风貌，营造优美的绿色环境，增强立交桥的主体性，充分展示了现代城市文明。

此外，一些材料还考虑了生活和工作的需要。如福泉高速公路莆田段景观设计，收费站的景观设计，交通和过去的外向型空间，可以利用植物的色彩进行计算机仿真组合叶色变化，确定景观主题，形成放松的过往车辆司机的视觉场景视图。其次，收费站管理服务空间不仅要考虑植物的防尘、降噪功能，还要考虑软布局，靠近雕塑的基调，为员工提供一个优美的环境，减弱人员远离喧闹人群的单调感和厌烦感。

（4）后期处理。使用电脑上的图像处理软件强大的图像处理功能，综合考虑图像处理的应用，将彩色激光打印机输出。利用计算机软件对各种特殊的过滤功能进行综合分析，对艺术效果进行及时的调整。它可以用来改善小城市的气候条件，调整当地的温度、湿度、空气，保护环境，净化城市空气，减小城市噪声，抑制水和土壤污染，综合考虑，完善设计。设计师在图纸中确定了有效性，也确定了设计图纸，该项目不仅是艺术，还具有合法性和合理性。福州双抛物线河大桥加盖景观工程设计，采用计算机虚拟现实技术及喷泉景观设计标准，及时修改设计，采用分布式布局方法改善住宅小气候条件，调整本地区的温度和湿度，在市中心区采取静态的绿色设计，净化空气，缓解城市噪声，提供了一个优美的休闲环境。

（5）报告预测。插图设计投影报告应用世界上通行的PowerPoint和Authorware软件，结合状态信息、设计理念、功能分区、设计、3D效果图、有机合成的3D动画，对项目报告程序的设计意图、声音、图片、动画、地理信息、编辑和编辑的正确性进行清晰的表达。

景观艺术、数字设计是当今社会设计的一个主要方向，也是一种顽强的表现技术。今后将继续向自动化、信息化方向发展，设计人员只需与个人多媒体笔记本电脑连接，从语音输入到规格设计、智能设计思维、判断、数据格式全自动兼容。在很短的时间内，就能够完成设计任务，并看到设计效果，同时将生态和土地利用信息存储，使地理信息数据归档和管理。现代园林的概念包含了绝大多数人的活动场所，园林不仅是作为一个旅游的场所，而且还对改善气候条件，调节当地温度、湿度，调节空气流量，保护环境，抑制水和土壤污染等有重要作用。总之，现代园林比以往任何时代范围都大，内容更丰富、设施更复杂，也需要多媒体计算机信息技术来管理和设计。

第四节　原生态景观在景观规划中的运用

景观是规划区原有的价值要素，包含原始植物景观、原始地形、古迹等。乡土景观的运用应遵循景观美的原则，要表现出自然美、形式美、社会美。

在设计上，应该将自然景观包含的所有色彩运用到景观规划设计中，以从美学的角度阐述自然环境为切入点，使自然、人与社会三种环境的协调关系达到最佳状态。从原始景观的分类到上述分类，分别对其在景观规划中的应用进行了美学意义的分析和探讨。

1. 主要水景观在景观规划中的应用及其美学意义

如果景观规划对原地表水或河流（包括支流）和不大的湿地规划造成破坏性影响，可以充分利用自然景观的特性采用自然法进行修改，符合设计原则。

在进行规划时，将规划地块内人工开挖的养殖池、坑塘等具有人工痕迹的原声水景观作为景观规划设计的元素加以改造并进行功能和形式上的双重利用。在利用美学原则的前提下，从塘、坑的外部造型、驳岸、水质等多方面进行改造，令其与周边景物协调。无论是在功能上还是在色彩上，都是一种强烈的设计手法，也能满足功能性与艺术美的双重享受。

2. 原生植物景观在景观规划中的应用及其美学意义

区域原生植物是一种典型的设计元素，它可以代表区域特色，是用于景观设计的植物元素，这是一种因地制宜、结合自然的设计原则。我们不能从形式上选择园林植物元素，在设计中充分利用乡土植物，保留原生植物景观的生态美与自然美，也体现了科学美。

3. 原始地形在景观规划设计中的应用及其美学意义

在园林规划设计中，地形是重要的，它的主体是一个景观元素，所有元素将附带地形存在美感，地形决定了整体环境美。

在景观规划设计中，规划区往往有山脉和丘陵。地形是一种非位移景观元素，设计师在设计中要遵循其自然的形式，即使改造也不能破坏它原有的特点。例如，长清区、济南区包含一些山区和丘陵及其他原始地貌，公园在山区多是低坡，设计时要计算山区高低和花园旋转盘之间的差距，创造一个横向空间和纵向空间的分散和曲线美，让人们产生更柔和的视觉美感。

海滩天然凹凸地形在规划设计后也完全可以使用，成为一种极具地域特色的景观元素，秦皇岛沿海地区的道路上会出现由于潮涨潮落而形成的水坑和环岛，放眼望去，在水中呈现一批绿色岛，退潮的时候，正好相反，形成多个小水泡，镶嵌在黑暗的海滩上，在色彩上形成了强烈的对比。这是一种以时间和空间形式产生的审美感受。

4. 历史景观在景观规划设计中的应用及其美学意义

古迹和遗址作为起着重要作用的景观元素，也是一种典型的乡土景观，它不仅是一个具有历史价值的东西，对学习也有非常重要的意义。

中国有很悠久的历史，古迹和遗址周围的遗产是非常多的。进行景观规划要保护这些古迹和遗址，更应该在保护的前提下加以重用。站点所指的不是那些已经发展成旅游景点的地方，而是一些典型的地域特征和时代特征的对象。它们的共同点是可能都已被遗忘和放弃，或已完成历史使命，退出历史舞台。设计师的任务就是把这些东西重新唤起时间的感觉，让生命延续下去。

原生景观的运用使当今社会在进行大规模的造林运动及漫无目的的机械式设计的同时认识到，其实原生的、自然的，也可以称之为旧的，是并不丑的，是可以给规划区居民带来强烈的认同感和归属感的东西。经过科学的、艺术的、适当的设计，可以成为一个非常好的景观元素供景观规划设计使用。它正是对设计的诠释和与自然的结合，也是各种环境的相互融合、相互渗透、和谐共存。

第五节　现代商业环境的景观规划

一、商业环境概述

大量的高层建筑、商店，人声嘈杂，大量的广告使人们在购物时，缺乏轻松的心情，在这种环境下，自然环境和文化景观的距离越来越远。人们购物的心理需求主要与公共空间相结合，景观环境对人的心理影响，从艺术的本质规划原则来讲，可以为现代商业环境和公共环境的融合做出贡献。

我国现代商业环境的概念和模式在很大程度上受到了西方商业环境设计理念的影响。这种情况一直给中国城市的发展带来了很多疑惑和困难。人们经常处在过度刺激、封闭和拥挤的"繁华世界"中，容易对人的身体和精神造成抑制和损害。此外，由于缺乏中国建筑文化，中国的本土商业环境缺乏当地特色，在商业经济发展的同时，我们已经受到了负面影响。长期以来，单调的钢筋混凝土取代了传统建筑的丰富多彩，再也看不到历史，看不到我们的古代建筑风格或所谓的中国风格，那些追求表面的中国建筑风格的建筑，很难真正赋予商业环境在现实景观中的内涵和质量。

二、景观规划在现代商业环境中的意义

现代商业环境的主要服务对象是非常广泛的，因此带来的影响是普遍的，商业环境主要包括建筑、商业街、休闲广场水景、绿化、道路、雕塑、盆栽棚、橱窗、照明设施、休息座椅、广告招牌等元素，内容简单、形式化。但是我们通过这种简单的形式也可以最大化地表现商业环境的特征与质量，给消费者一个轻松快乐的环境，也能给公众一个被文化熏陶的城市形象。这种感觉

让人轻松自在，没有压力，这样就实现了消费。商业环境需要创造这种感觉，在刺激人们消费欲望的同时，也能使疲惫一天的消费者放松身心，想来到这里，想留在这里，这是它的终极目标。

三、我国城市商业环境现状分析

现代商业环境景观规划最重要的是考虑和满足人的心理需求，给消费者一个舒适宽松的购物环境。除了考虑运用新科技手段，注重声光色等条件外，还要注意对自然的营造，生态、文明的环境带给人们亲切感、舒适感，能使人减轻压力，放松心情，这是商业环境规划设计的重点。虽然我国现代城市中购物环境的建设在努力摆脱过去的枯燥乏味，向绿化、人文、娱乐等一体化方向发展，但成熟的模式还未能形成，商场的个性化、宜人化、生态化特点很难展现出来，以下是本文对商业环境景观规划方法的总结梳理。

1. 以人为本，探求本土原始商业环境规划的基础

现代商业环境的规划必须考虑人的心理需要，考察本地消费者的消费习惯和本土文化，以人为本，探索人们的心理停驻点。营造良好的环境能使消费者在一种适度放松、没有压力的环境中愉悦购物，把商业购物和娱乐休闲联系起来。给现代商业环境营造适度的空间尺度，给人愉快感受的情景和活动，并与开放性的自然空间相结合，创造使人感觉自在、安全、舒适、解脱、放松、喜欢停留的场所。空间景观使人与环境互动，真正实现"人性化"的购物环境模式。而且，城市的传统景观文脉所特有的文化内涵，可以给人们带来情感和精神上的满足，并且引导人们对建筑和环境的认识，引导人们思想观念的进步。这是本文提出商业环境"景观化"的意义所在。

2. 从自然、人文角度考虑商业环境规划方法

不同的城市有着不同的自然环境，不同的购物环境有着不同的商业内涵，一个有着亲切尺度、开放性和层次感的空间，辅以景观设计颜色的陪衬、艺术美的展现，并融入所在城市的自然景观、人文风貌和地域特色，促进购物环境与公共空间，以及更大的城市公共空间的协调融合，能更好地得到消费者的认可。商业环境的规划目的是刺激消费，增加商品的销售量，得到消费者内心认可的环境，更好地实现商业环境的价值，实现商业化和景观化的完美结合。

3. 商业环境不是一个独立的环境

商业环境周边有着不同的空间形式，合理的商业环境规划需要与周边环境进行融合协调。这就要求在空间形式上做到开放、结合、协调和流通，同时又能借用户外原有的景观元素，通过中庭的设计或者辅助景观的映衬，将周边环境的景观点引入这些商业场所的公共空间当中。通过直接的室内外空间联系和简洁的信息暗示，达到商业环境与公共空间接触和相结合的目的，而不是简单地模仿或人造景观等。发展亲切尺度化、开放化、人文化的商业空间，将商业环境与公共空间相结合，运用多层次、流动性的景观空间来引导顾客的选择与集散。创造丰富多变的空间格局，使购物场所成为一种景观。此时体现更多的是对消费者的人文关怀及对周边环境的尊重。

4. 商业环境中景观环境的保护与延续

现代商业环境与周边环境协调，活跃城市商业氛围和加强文化宣传，增强和提升城市的活力，尤其是旧城的历史，采用更符合市场需求的规划方法，对城市规划和文化保护具有积极作用。

参考文献
REFERENCE

［1］林晓，栾春风.城市湿地公园功能分区模式的探讨［J］.安徽农业科学，2009（36）：18244–18246.

［2］陈美华，林源祥.青岛大河东森林公园规划设计［J］.中国城市林业，2010（3）：34–36.

［3］武晓玉，邓见植，王伟峰，等.江西岩泉国家森林公园景观规划研究［J］.江西科学，2011（4）：500–505.

［4］胡洁.浅谈漪汾公园的景观规划［J］.科技情报开发与经济，2010（11）：179–180.

［5］安燕.武当山国家地质公园地质遗迹园区划分及地质公园功能分区［J］.资源环境与工程，2010（4）431–434.

［6］陈东田，范勇.北京城市公园发展趋势探讨［J］.蓝天园林，2007（1）：10–16.

［7］中国大百科全书总编辑委员会.中国大百科全书［M］.北京：中国大百科全书出版社，1993.

［8］［美］克莱尔，卡罗琳.人性场所——城市开放空间设计导则［M］.俞孔坚，译.北京：中国建筑工业出版社，2001.

［9］封云，林磊.公园绿地规划设计［M］.北京：中国林业出版社，1996.

［10］日本建筑学会.建筑与城市空间绿化规划［M］.北京：机械工业出版社，2006.

［11］杨程波.主题公园：城市旅游形象的新名片［N］.中国旅游报，2004.

［12］芦宝英.国内主题公园开发存在的缺憾与反思［J］.西华师范大学学报，2005（1）：75-79.

［13］何叶.我国主题公园发展初探［J］.西安航空学院学报，2004，22（6）：59-61.

［14］［美］特雷布.现代景观——一次批判性的回顾［M］.丁立扬，译.北京：中国建筑工业出版社，2008.

［15］顾小玲.景观植物配置设计［M］.上海：上海人民美术出版社，2008.

［16］金昱.园林植物景观设计［M］.沈阳：辽宁科学技术出版社，2008.

［17］［英］贝尔.景观的视觉设计要素［M］.王文彤，译.北京：中国建筑工业出版社，2004.

［18］鲁敏，李英杰.园林景观设计［M］.北京：科学出版社，2005.

［19］［英］雷思.园林灯光［M］.孔海燕，袁小环，译.北京：中国林业出版社，2004.

［20］李建伟.景观之道——景观设计理念与实践［M］.北京：中国水利水电出版社，2008.

［21］刘海燕.中外造园艺术［M］.北京：中国建筑工业出版社，2008.

［22］梁俊.园林小品设计［M］.北京：中国水利水电出版社，2007.

［23］余树勋.园林美与园林艺术［M］.北京：中国建筑工业出版社，2006.

［24］赵民，赵蔚.社区发展规划——理论与实践［M］.北京：中国建筑工业出版社，2003.

［25］杨至德.园林工程［M］.武汉：华中科技大学出版社，2007.

［26］徐文辉.城市园林绿化地系统规划［M］.武汉：华中科技大学出版社，2007.

［27］刘滨谊.纪念性景观与旅游规划设计［M］.南京：东南大学出版社，

2005.

[28] 刘文军，施周.水质与水处理——公共供水技术手册［M］.5版.北京：中国建筑工业出版社，2008.

[29] ［美］欧瓦茨，佛林克，西恩斯.绿道规划·设计·开发［M］.余青，柳小霞，陈琳琳，译.北京：中国建筑工业出版社，2009.

[30] 上林国际文化有限公司.景观规划设计新潮（3）上册［M］.武汉：华中科技大学出版社，2008.

[31] 吴伟.城市特色：历史风貌与滨水景观［M］.上海：同济大学出版社，2009.

[32] 韦爽真.景观场地规划设计［M］.重庆：西南大学出版社，2008.

[33] 国家林业局野生动植物保护司.自然保护区管理计划编写指南［M］.北京：中国林业出版社，2002.

[34] 王向荣.关于湿地［J］.景观设计，2006（7）：16-19.

[35] 康利芬.浅谈城市立体绿化［J］.蓝天园林，2005（8）：31-32.

[36] 王向荣.从工业废弃地到绿色公园——景观设计与工业废弃地的更新［J］.中国园林，2003（3）：11-18.

[37] 王向荣.现代景观的价值取向［J］.中国园林，2003（1）：4-11.

[38] 汤晓敏，王云.景观艺术学——景观要素与艺术原理［M］.上海：上海交通大学出版社，2009.

[39] 李羽羽.景观艺术之生态问题初探［J］.艺术理论，2008（12）：238-239.

[40] 唐莉英.景观艺术的特征及设计研究［J］.安徽农业科学，2011，39（24）：14834-14836.

[41] 周武忠.中国景观艺术现状研究及展望［J］.艺术学界，2009（2）：277-286.

[42] 刘彦红.景观艺术新秩序——对当代景观艺术现状和发展的总体研

究［M］.南京：南京林业大学出版社，2007.

［43］周武忠.现代景观设计艺术问题与对策［J］.南京社会科学，2010（5）：
122-129.

［44］吴家骅.景观形态学［M］.北京：中国建筑工业出版社，1999.

［45］俞孔坚.理想景观探源［M］.北京：商务印书馆，1998.

［46］俞孔坚.景观：生态、文化与感知［M］.北京：科学出版社，1998.

［47］李敏.城市绿地系统规划［M］.北京：中国建筑工业出版社，2008.

［48］［美］查尔斯，罗宾.美国景观设计的先驱［M］.孟雅凡，俞孔坚，
译.北京：中国建筑工业出版社，2003.

［49］吴为廉.景观与景园建筑工程规划设计［M］.北京：中国建筑工业
出版社，2005.

［50］［美］丹尼斯，布朗.景观设计师便携手册［M］.刘玉杰，吉庆萍，
俞孔坚，译.北京：中国建筑工业出版社，2002.

［51］苏雪痕.植物造景［M］.北京：中国林业出版社，1994.

［52］王晓俊.西方现代园林设计［M］.南京：东南大学出版社，2002.

［53］黄亚平.城市空间理论与空间分析［M］.南京：东南大学出版社，
2002.